应用材料基础

吴进明　编著

ZHEJIANG UNIVERSITY PRESS
浙江大学出版社

内容提要

本教材面向高等院校理工科非材料专业学生,旨在使学生了解材料相关基础知识,解决科研及工程实际中的材料问题。主要内容:材料基本结构信息;材料基本性能及其指标;材料成分—结构—性能之间的关系;各类常用的结构材料及功能材料的牌号、性能特征及用途;材料选用基础。

图书在版编目(CIP)数据

应用材料基础 / 吴进明编著. —杭州:浙江大学出版社,
2004.8 (2022.1 重印)
新世纪高等院校精品教材
ISBN 978-7-308-03803-4

Ⅰ.应… Ⅱ.吴… Ⅲ.工程材料—高等学校—教材
Ⅳ.TB3

中国版本图书馆 CIP 数据核字(2004)第 073330 号

应用材料基础

吴进明　编著

责任编辑	杜希武
出版发行	浙江大学出版社
	(杭州市天目山路 148 号　邮政编码 310007)
	(网址:http://www.zjupress.com)
排　版	浙江时代出版服务有限公司
印　刷	浙江新华数码印务有限公司
开　本	787mm×1092mm　1/16
印　张	8.25
字　数	218 千字
版 印 次	2004 年 8 月第 1 版　2022 年 1 月第 6 次印刷
书　号	ISBN 978-7-308-03803-4
定　价	23.00 元

目 录

第一章

绪　论

　　材料是人类生存和发展的物质基础。特别是进入现代文明后，人类的每一次科技进步都能找到材料的影子。材料研究的突破往往能带来许多科学技术的突破，从而改变人类的生活。可以毫不夸张地说，没有 19 世纪中叶钢铁大规模生产技术的出现，就没有当时的铁路交通系统，也就没有现代文明；同样，没有 20 世纪中期硅材料的发展，也就没有现在的信息时代。基于材料的重要性，20 世纪 70 年代人们就把信息、材料和能源列为当代文明的三大支柱。

　　对于什么是材料，并没有严格的定义。一般认为材料是人类用来制造物品、器件、构件、机器或其他产品的物质。但是，对于燃料、化学原料、工业化学品、食物和药物等物质，一般不归入材料的行列。

1.1　材料与人类文明

　　材料在人类文明史上占有重要的地位。在文化层面上人们以各种材料作为修辞来比喻人类文明的不同时代。公元前 8 世纪，古希腊哲学家赫西奥德的《劳动与时令》诗篇里，就把人类的发展划分成黄金、白银、青铜、英雄和铁五个世纪。中国东汉袁康所撰的《越绝书》中把人类使用的工具，分成石、玉、铜、铁四个阶段；1836 年丹麦学者汤姆森提出了石器时代、青铜时代和铁器时代的历史分期方法。可见，材料在人类文明史上占有重要地位。

1.1.1　石器时代

　　大约从 200 万年前开始，人类开始有目的地在生产生活中利用天然材料，如石头、木头、黏土、动物皮毛等。大约一万年以前，为了更方便地进行狩猎等活动，人类对石头进行加工，制造各类精致的器皿和工具，进入新石器时代。新石器时代后期，人类已学会用黏土成型，再用火

图 1.1　出土的石器、玉器和陶器

烧固化而成陶器。图 1.1 是出土的石器、玉器和陶器。

1.1.2　青铜器时代

从 5000 年前开始,人类掌握锡青铜冶炼技术。锡青铜是含锡少于 25％的铜合金,具备良好的强韧性、耐腐蚀性、良好的加工性能等。青铜的出现,标志着人类大规模利用金属的开始,是人类文明发展的重要里程碑。图 1.2 是一些精致的青铜制品。

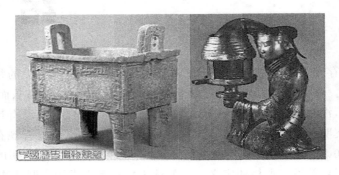

图 1.2　一些精致的青铜制品

1.1.3　铁器时代

从 3000 年前开始,人类掌握铁的冶炼技术。和青铜相比,铁的性能更好,原料更易得,一直到现在仍在大规模应用(图 1.3)。19 世纪以来,金属冶炼水平突飞猛进,除了钢铁材料以外,铜、铝、镁、钛等金属也相继出现,金属材料在整个 20 世纪占据了结构材料的主导地位。

图 1.3　古代的铁匠铺和现代的铸造车间

1.2　材料与现代科技

先进材料的研究、开发与应用反映一个国家的科学技术与工业水平。现代科技的各个领域都对材料提出了更高的要求;反之,材料的发展也促进了现代科技的发展。图 1.4 显示,材料在现代科技的方方面面都有着重要的应用。例如,汽车工业里的各种金属、玻璃、塑料、涂料;航空航天工业里的高温合金、隔热材料、轻型高强度材料;能源工业里的储氢合金、燃料电池用材料、太阳能电池用材料;电子信息工业里的半导体材料、超导材料、磁记录材料、光纤;生物技术领域的人工关节、人工皮肤、人工脏器;农业中的人造土壤、地面覆盖材料以及日常生活中的包装材料、建筑材料等等。

图 1.4　材料在现代科技中的应用

　　材料的未来发展方向是微型化(纳米材料与结构)、智能化(智能材料)、环保(环保材料,可生物降解材料等)。此外,仿生材料、极限条件(超高压、超高温等)用材料也是未来材料研究的重点。可以预计,这些新材料的发展必将更深刻地改变人们的生活。

1.3　材料的分类

　　材料种类繁多,可按不同的标准进行分类。
　　(1)按组成材料的主要价键结构,材料主要分为有机(高分子)材料和无机材料
　　无机材料包括金属材料和无机非金属材料,如图 1.5 所示。
　　金属材料主要由金属键组成,因此,它的一般性能特点是有一定的强度、韧性,易加工,导电、导热等。图 1.6 为金属材料的一些应用例子。

```
                    ┌─ 黑色金属：钢、铁、钨
          ┌─ 金属材料 ┤
          │         └─ 有色金属：铝、铜、钛、金、银等
          │
          ├─ 无机非金属材料：陶瓷、玻璃等
材料 ──────┤
          ├─ 复合材料：金属基、陶瓷基、高分子基
          │
          └─ 高分子材料：橡胶、塑料、纤维、胶粘剂
```

图 1.5　材料按价键结构的分类

图 1.6　金属材料的应用

　　无机非金属材料主要由离子键和共价键构成，因此，它的一般性能特点是强度高，硬而脆，绝热性绝缘性好，耐腐蚀等。图 1.7 为无机非金属材料的一些应用例子。

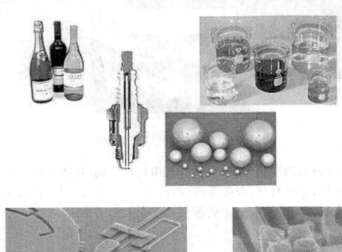

图 1.7　无机非金属材料的应用

高分子材料主要由共价键、分子键构成,因此,一般强度不高、塑性好,易加工成型,不耐热,绝缘性好,耐腐蚀。图 1.8 为高分子材料的一些应用例子。

图 1.8 高分子材料的应用

为了克服以上各类材料的缺点,并把它们的优点结合起来,20 世纪中叶开始发展了一类新材料——复合材料。复合材料一般具有低密度、高强度等特点,在很多场合都有特殊的应用。图 1.9 为复合材料在民用中的一些例子。

图 1.9 复合材料的应用

(2)按应用,材料分为结构材料与功能材料两大类

结构材料主要用来制造各类承受特定载荷的构件、零件,使用的着眼点在于各种力学性能;功能材料广泛应用于各类器件中,使用着眼点在于各种物理、化学性能(图 1.10)。一般地,把弹性合金以及对力学性能有特殊要求的材料也归到功能材料的范畴。

```
材料 ┬ 结构材料:以力学性能为主要功能
     └ 功能材料:以物理,化学性能为主要功能
       · 光:光纤,光学玻璃,激光材料
       · 电:导电材料,电阻,半导体
       · 热:隔热材料,吸热材料
       · 声:隔音材料,吸振材料
       · 磁:软磁材料,硬磁材料,磁记录材料
       · 化学:催化材料,耐蚀材料
       · 力学:弹性合金
```

图 1.10 材料按应用分类

1.4　课程目的、主要内容

材料应用的着眼点是材料的性能,材料的性能是由成分和结构确定的。材料科学是研究材料制备(成分)—结构—性能之间关系的科学。通过本课程的学习,应该对工程实际中碰到的各种材料的成分、结构、性能特征以及它们之间的关系有基本的认识,从而能正确地选择利用恰当的材料解决科研及工程实际问题。

课程由材料结构基础、材料性能基础、常用材料简介和材料选用基础四部分组成,包括以下一些主要内容:

1)材料的价键结构、原子排列和相组成;

2)材料物理、力学性能表征及其内在(成分、结构)、外在(环境、介质、应力状态)影响因素;

3)常用工程结构材料、复合材料和光、声、热、电、磁、能源、化学、生物医用等功能材料的简要介绍;

4)失效分析基础、选材基本方法。

第二章

材料结构基础

使用材料的着眼点在于材料的各种性能，材料的性能主要取决于它的成分和结构。相同成分构成的材料，结构不同，表现出的性能可能相差很大。因此，材料的结构研究在材料科学与工程中有着重要的地位。

按照不同的尺度，材料的结构可分为四个层次：宏观结构、微观结构、原子尺度结构和亚原子尺度结构(图 2.1)。材料结构研究主要集中于微观结构，但已经深入到原子尺度。

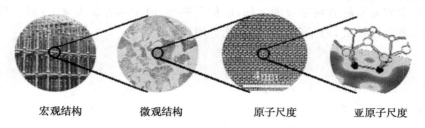

宏观结构　　　微观结构　　　原子尺度　　　亚原子尺度

图 2.1　材料结构的层次

2.1　原子结构

2.1.1　质子、中子和电子

物质是由原子构成的。原子由质子、中子和电子构成。质子和中子组成原子核，电子则绕原子核作高速运动(图 2.2)。质子带正电，电子带负电，它们的带电量都是 1.6×10^{-19} C(库仑)；中子是电中性的。每个质子和中子的质量都约为 1.67×10^{-27} kg，每个电子的质量是 9.11×10^{-31} kg。因此，原子的质量集中在原子核，核外电子的质量可以忽略不计。原子的半径约为 10^{-10} m (0.1 nm)数量级，其中，原子核的半径不超过 10^{-14} m。

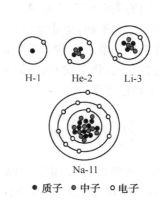

图 2.2　H,He,Li,Na 原子的玻尔模型

2.1.2　核外电子的运动

根据玻尔原子模型(图 2.2),电子在原子核外作绕核(循轨)运动和自旋运动,其运动轨道的能级是分立不连续的。根据量子力学理论,不同的轨道,形状不同(图2.3)。在多电子的原子中,电子的分布遵循泡利不相容原理、能量最低原理和洪德定则。最外层的电子所处的能级最高,最不稳定,称为价电子。化学键主要取决于价电子。

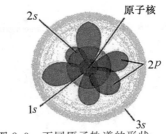

图 2.3　不同原子轨道的形状

2.1.3　电负性

最外层轨道都被电子填满(惰性气体结构)时,原子最稳定。因此,当原子结合在一起时,通过最外层电子的得失而达到稳定状态。这种原子得失电子的能力用电负性表示。在元素周期表中,同一主族元素随着周期数的增加,电负性减小,原子越容易失电子;同一周期元素随主族数的增大,电负性增大,原子获得电子的能力增强。

2.2　化学键

相同元素或不同元素的原子之间由化学键结合在一起。材料的许多性能与化学键之间关系密切,如密度、导电性、导热性、热膨胀系数、弹性模量、硬度等。

当两个原子相互靠近时,它们之间存在的相互作用力包括原子核与核外电子之间的吸引力,以及原子核、核外电子之间的排斥力。两个原子之间的相互作用力及势能与原子间距之间的关系可表示为图 2.4。在某一间距 r_0 处,吸引力和排斥力达到平衡,势能最低,原子最稳定。

由于核外电子结构,特别是价电子结构的不同,原子之间的结合方式(化学键)也不同,主要有离子键、共价键、金属键、氢键和范德华力。

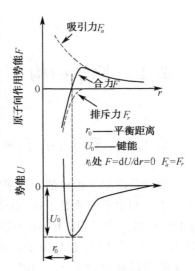

图 2.4　两个原子之间的相互作用力、势能与原子间距的关系

2.2.1　离子键

两个电负性符号相反的原子相遇时,电负性为正的原子,其核外价电子转移到电负性为负的原子,从而达到各自的核外电子结构的平衡状态。两个原子之间通过很强的库仑力(正负电荷之间相互作用力)结合在一起(图 2.5)。离子键的特点是键合作用强、无方向性。

由离子键构成的化合物称为离子化合物,如 NaCl 等。由于负离子的体积比正离子大,因此,离子化合物的晶体结构特点是:负离子在三维空间作周期性排列(空间点阵),正离子占据点阵的间隙。

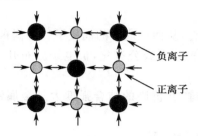

图 2.5 离子键结合示意图

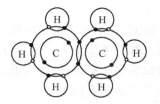

● C原子中的电子 ○ H原子中的电子

图 2.6 共价键结合示意图(乙烷)

2.2.2 共价键

两个电负性都较大但差值又较小的原子之间无法通过电子的得失获得平衡,而是通过共享电子而达到各自核外电子结构的平衡状态,这种键合方式称为共价键。图 2.6 所示的乙烷的 C,H 以及 C,C 原子之间即通过共价键结合。一个原子最多可以形成的共价键(饱和共价键数)$N=8-N'$,N' 为其价电子数。共价键的特点是饱和性与方向性。典型的以共价键结合的物质有 H_2,Cl_2,金刚石等。

2.2.3 金属键

金属原子形成晶体时,每个金属原子提供少数价电子作为自由电子,被整个晶体共有。这些自由电子组成电子云,通过电子云把各个金属原子结合在一起(图 2.7)。金属晶体由失去了价电子的金属离子在三维空间作周期性排列构成。金属键无方向性,其中的价电子可以在整个晶体中自由运动,这是金属具有良好的变形能力、优良的导电导热性的原因。

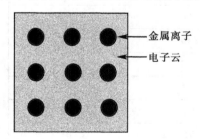

图 2.7 金属键结合示意图

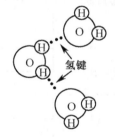

图 2.8 水中的氢键示意图

2.2.4 氢键

H 与 O,N,F 等电负性高的原子 A(A 为 O,N,F 等)组成共价键分子时,共有电子对(电荷中心)偏向原子 A。此时,H 原子一侧带正电,A 原子一侧带负电。一个分子的 H 原子可以和另一个分子的 A 原子通过正负电荷相互作用而形成一种附加键,即氢键。氢键存在于 H_2O,HF,NH_3 和许多高分子化合物中。图 2.8 所示为水中的氢键。氢键有方向性。

2.2.5　范德华力

在某一瞬间,一个原子的正负电荷中心可能不重合,从而形成小的偶极子。小偶极子之间的相互作用力称为范德华力。结合过程没有电子得失、共有或公有化,价电子分布几乎不变。由分子键形成的物质熔点低、硬度低、绝缘。

各种化学键的结合能见表 2.1。一般而言,离子键、共价键的结合强度大于金属键,氢键和范德华力的结合强度比较弱。

表 2.1　各种化学键的结合能比较

化学键	离子键	共价键	金属键	氢键	范德华力
结合能(kJ/mol)	600~1500	100~800	70~850	10~50	10~50

由于材料的熔点、热膨胀系数、弹性模量等性能都和组成原子之间的结合力密切相关,因此,一般地,原子键结合力越大,材料的熔点、弹性模量越高,热膨胀系数越小。表 2.2 列出了一些材料化学键与材料熔点的关系;表 2.3 为一些材料的线膨胀系数。

表 2.2　化学键与材料熔点的关系

化学键	材料	结合能(kJ/mol)	熔点(℃)
离子键	NaCl	640	801
	MgO	1000	2800
共价键	Si	450	1410
	C(金刚石)	713	>3550
金属键	Hg	68	−39
	Al	324	660
	Fe	406	1538
	W	849	3410
范德华力	Ar	7.7	−189
	Cl_2	231	−101
氢键	NH_3	35	−78
	H_2O	51	0

表 2.3　一些材料 25 ℃时的线膨胀系数

材料	铝	铜	铁	砖头	窗玻璃	水泥	聚乙烯	橡皮
线膨胀系数($\times 10^{-6}$/℃)	22	16	12	9	9	13	110~180	81

各种材料中可能存在的化学键见表 2.4。

表 2.4 各种材料中可能存在的化学键

材料种类	离子键	共价键	金属键	范德华力
金属		存在	存在	
高分子		存在		存在
陶瓷	存在	存在		

2.3 晶体结构

2.3.1 晶体和非晶体

固体材料中原子的排列方式有两类:周期性有序排列和无序排列。前者称为晶体材料,后者称为非晶体材料。晶体材料有一定熔点,呈各向异性,自然状态下有规则外形(如图 2.9 所示的二氧化钛晶体);非晶体材料无一定熔点,呈各向同性,无规则外形。

图 2.9 有一定规则外形的二氧化钛晶体

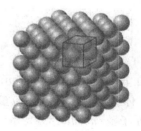

图 2.10 晶格、晶胞示意图

2.3.2 晶体结构

晶体材料的原子在三维空间整齐规律地排列,因此,其原子位置可以画成三维空间立体格子形式,称为晶格,构成晶格的最小立体格子单位称晶胞,如图 2.10 所示。晶胞的选取方式可以有很多,通常选取对称性最好的。

2.3.2.1 金属的晶体结构

常见金属的晶体结构有三种:面心立方(FCC),体心立方(BCC)和密排六方(HCP)。

(1)面心立方结构

假设原子为半径为 R 的刚性球,则面心立方结构如图 2.11 所示,除了立方体的 8 个顶点各有 1 个原子外,立方体的 6 个面的中心各有 1 个原子。因此,每个面心立方结构晶胞的原子数 n 为 $6 \times \frac{1}{2} + 8 \times \frac{1}{8} = 4$;晶胞常数与原子半径之间关系为 $a = 4R/\sqrt{2}$(图 2.12);晶胞中被原子填充的体积百分率(原子填充率 APF)为:

$$APF = \frac{4 \times (\frac{4}{3}\pi R^3)}{a^3} = \frac{4 \times (\frac{4}{3}\pi R^3)}{(4R/\sqrt{2})^3} = 0.74。$$

具有面心立方结构的典型金属有 Al,Cu,FCC-Fe,Ag,Au 等。

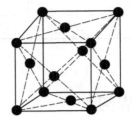

图 2.11　面心立方结构示意图

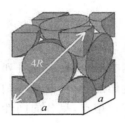

图 2.12　面心立方结构中晶胞常数与原子半径之间关系

（2）体心立方结构

体心立方结构如图 2.13 所示,除了立方体的 8 个顶点各有 1 个原子外,立方体的中心有 1 个原子。体心立方结构的相应参数如下:

晶胞原子数:$n = 1 + 8 \times 1/8 = 2$

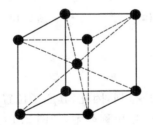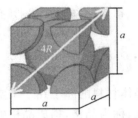

图 2.13　体心立方结构示意图　　　　　图 2.14　体心立方结构中晶胞常数
与原子半径之间关系

晶胞常数:$a = 4R/\sqrt{3}$（图 2.14）

原子填充率:

$$APF = \frac{2 \times (\frac{4}{3}\pi R^3)}{a^3} = \frac{2 \times (\frac{4}{3}\pi R^3)}{(4R/\sqrt{3})^3} = 0.68。$$

具有体心立方结构的典型金属有 Cr,Mo,BCC-Fe 等。

（3）密排六方结构

密排六方结构如图 2.15 所示,除了六棱柱的 12 个顶点各有 1 个原子外,上下两个面各有

1个原子,中心有3个原子。密排六方结构的相应参数如下:

    晶胞原子数:$n=3+2\times1/2+12\times1/6=6$

    晶胞常数:$c/a=\sqrt{8/3}=1.633, a=2R$

原子填充率:

$$APF=\frac{6\times(\frac{4}{3}\pi R^3)}{6\times\frac{\sqrt{3}}{4}a^2c}=\frac{6\times(\frac{4}{3}\pi R^3)}{(6\times\frac{\sqrt{3}}{4}(2R)^2\times1.633\times2R)}=0.74。$$

具有密排六方结构的典型金属有 Cd,Mg,Zn,Ti 等。

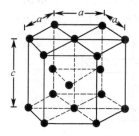

图 2.15　密排六方结构示意图

　　材料的很多性能与它的晶体结构密切相关。例如,材料的密度可以用晶体结构参数进行估算:

　　假设固体为完整的晶体,其密度 ρ 可近似认为是晶胞的密度:

$$\rho=\frac{nM}{V_c}=\frac{n(A/N_A)}{V_c}=\frac{nA}{V_cN_A} \qquad 2\text{-}1$$

式中,n 为晶胞原子数,M 为原子量,V_c 为晶胞体积,A 为元素的原子量,N_A 为阿佛加德罗常数,$N_A=6.022\times10^{23}$。

　　一种元素的固体可以有不同的晶体结构,称为同素异构体。例如,碳有三种同素异构体:石墨、金刚石和富勒烯(图 2.16)。这些碳的同素异构体具有截然相反的性能:金刚石具有极高的硬度,可以用来切割玻璃;而石墨则很软,常用作润滑剂。

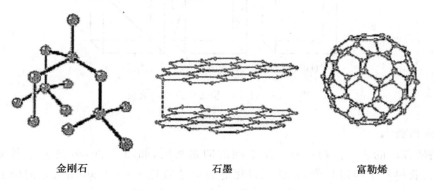

金刚石　　　　　　石墨　　　　　　富勒烯

图 2.16　碳的三种同素异构体

2.3.2.2 晶面指数和晶向指数

晶体结构材料中不同面和不同方向上原子的排列方式不同,其性能就有一些差异。此外,对晶体结构材料的许多性能的了解必须深入到原子的排列及运动。因此,为了研究表述方便,人们提出了一套标识原子面和原子方向的方法。

(1)晶面指数

立方晶系晶格平面的表示法(米勒指数法):如图 2.17 所示,由平面与晶格三轴 x,y,z 相交所得的截距取倒数后,化为简单指数比 $h:k:l$,晶格平面即表示为 (hkl)。因此,图 2.17 所示的阴影面指数为 $(0\bar{1}2)$。图 2.18 示出了一些常见的晶面:$BCC'B'(100)$;$CDD'C'(010)$;$ABCD(001)$;$BDD'B'(110)$;$A'BD(111)$。

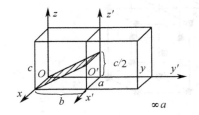

图 2.17 立方晶系晶格平面的表示法举例(米勒指数法)

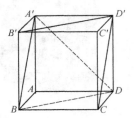

图 2.18 立方晶系中的一些典型晶面

对称性相同的平面归为一族平面,称为晶面族,表示为 $\{hkl\}$。图 2.19 所示为 $\{110\}$ 晶面族的一些成员。

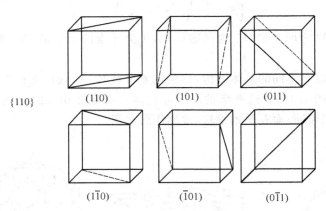

图 2.19 $\{110\}$ 晶面族的一些成员

(2)晶向指数

立方晶格方向的表示法与一般三维空间的向量相同,如图 2.20,将向量分别投影到晶格的三个轴上,获得三个线段长度,将此三者化成简单整数比 $u:v:w$,晶格方向即表示为 $[uvw]$,因此,图 2.20 的 OA 方向为 $[120]$。图 2.21 示出了一些常见的晶向。

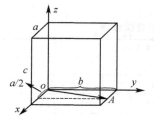
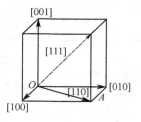

图 2.20　立方晶系晶格方向表示法举例　　　　图 2.21　立方晶系中的一些典型晶向

对称性相同的方向归为一族,称为晶向族,表示为$<uvw>$。图 2.22 所示为$<111>$晶向族的一些成员。

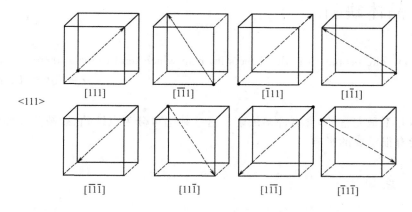

图 2.22　$<111>$晶向族的一些成员

密排六方结构的晶面、晶向指数可以用三坐标系 a_1,a_2,c 和四坐标系 a_1,a_2,a_3,c 表示,坐标系的取法见图 2.23。三坐标系中晶面、晶向指数的确定方法与立方晶系相同。假设在三坐标系中晶面指数为(hkl),晶向指数为$[UVW]$,则四坐标系中晶面指数为$(hkil)$,$i=-(h+k)$;晶向指数为$[uvtw]$,$u=(2U-V)/3$,$v=(2V-U)/3$,$t=-(u+v)$,$w=W$,转化后取最小公倍数。

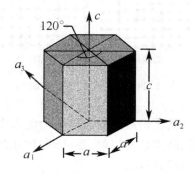

图 2.23　密排六方坐标系的取法

不同晶面、晶向原子排列密度不同。FCC,BCC,HCP 的原子最密排面分别为$(111),(110),(001)$,最密排方向分别为$[110],[111],[100]$。因此,沿不同晶向,材料的一些力学性能存在差异，参见表 2.5。

表 2.5   一些金属沿不同晶向的弹性模量值

金属	弹性模量（GPa）		
	[1 0 0]	[1 1 0]	[1 1 1]
Al	63.7	72.6	76.1
Cu	66.7	130.31	191.1
Fe	125.0	210.5	272.7
W	384.6	384.6	384.6

2.4   晶体缺陷

"Crystals are like people，it is the defects in them which tend to make them interesting！"

—— Colin Humphreys

实际晶体并不是完整的，含有许多缺陷。这些缺陷可分为点缺陷、线缺陷及面缺陷。缺陷对材料的性能有很重要的影响。

2.4.1   点缺陷

点缺陷包括空位、间隙原子和置换原子（图 2.24）。晶格中没有原子的格点位置称为空位。间隙原子指进入晶格间隙的原子，可以和组成晶格的原子相同（自间隙原子），但一般是半径较小的其他原子（杂质间隙原子，如 C，N，O 等）。置换原子是取代晶格中格点位置的原子。点缺陷使周围晶格发生畸变，产生局部应力。

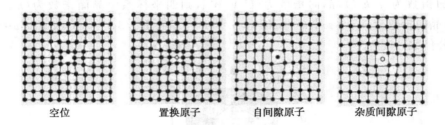

空位   置换原子   自间隙原子   杂质间隙原子

图 2.24   晶格中的各种点缺陷

空位一般产生于热振动。当某些格点处的原子的动能大于给定温度下的平均动能，可能脱离格点，形成空位。塑性变形、高能粒子辐射、热处理（快速淬火）等也促进空位的形成。空位的存在降低金属材料导电性，提高强度。

热运动产生的平衡空位浓度 N_v 可以用下式计算：

$$N_v = N_s \exp(-Q_v/k_B T)$$

2-2

式中，N_s 为完整晶格中的格点数，Q_v 为空位形成能（表征在完整晶格中形成空位的难易程度），k_B 为玻尔兹曼常数，等于 1.38×10^{-23} J/K，T 为温度，单位 K。

2.4.2　线缺陷

只在1维尺度上尺寸很大的缺陷称为位错。它由晶体中原子平面的错动引起,分为刃型位错和螺型位错。

如图2.25所示,刃型位错可以看作在晶格中插入一个半原子面,或晶格的上下部分原子发生相对错动(但不露头),从而使晶体的一部分相对于另一部分出现一个多余的半原子面而形成。图2.26为高分辨电子显微镜直接观察到的刃型位错。在图中的圆圈内部可以清晰地看到多余的半原子面。

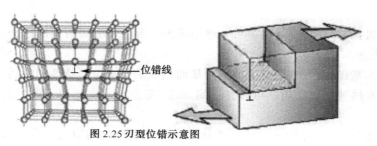

图2.25 刃型位错示意图

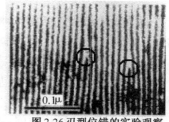

图2.26 刃型位错的实验观察

螺型位错中,晶体的一部分相对于另一部分错动一个原子间距。因此,可以认为在晶格中切入一平面(终止于晶格内部),而后在这一平面上相对错开最大一个原子间距(全位错)而形成,如图2.27所示。实际材料中的位错大都为刃型位错和螺型位错组成的混合位错,如图2.28所示。

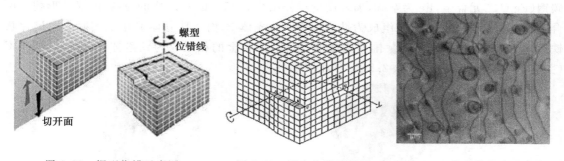

图2.27　螺型位错示意图　　　　图2.28　混合位错示意图　　　图2.29　位错线的实验观察

晶体中位错的量可以用位错线的长度来表征。图2.29为经缀饰后实际材料中的位错线。位错密度指单位体积中位错线的总长度。退火金属中位错密度约为 10^{10} m/m³,即每立方厘米中位错线的总长度约为 10 km。这个数据尽管看起来很大,实际上仍有 99.999% 的金属原子在正常的晶格格点位置上。

位错可能由于点缺陷坍塌而形成;也可以在材料发生塑性变形时大量产生。实际材料中,位错密度增加,材料的强度、硬度提高,脆性变大。

2.4.3　面缺陷

面缺陷包括晶界、亚晶界、相界面、表面等。

多晶材料由许多晶粒构成，不同的晶粒内部原子晶体学方向不同。晶粒交界处（晶界）原子发生错排，因此能量（原子活性）比较高。图 2.30 为纯铝的显微组织形貌，可以清楚地观察到大体呈六边形结构的晶粒。

材料表面原子的环境与内部原子的环境也不相同，表面能量也比内部高。

400μm

图 2.30　晶界的直接观察

2.5　合金的基本相

世界上没有绝对纯净的材料，实际材料都是由多种元素组成的。要了解金属材料的成分、结构，必须掌握以下几个基本概念：

合金——以一种金属元素为基础，加入其他金属或非金属而组成的具有金属特性的材料。

组元——组成合金的最基本的独立的物质。可以是金属元素、非金属元素或稳定的化合物。

相——成分、结构相同，性能均一，并有界面与其他部分隔开的独立均匀的组成部分。合金中的基本相有固溶体和中间相两种。

组织——合金结构的微观形貌。可以是单相的，也可以是多相的。

例如，图 2.31(a) 所示为 Al-Si 二元合金（金属 Al 为基础，加入少量 Si 组成的材料）的显微形貌。该合金的组元是 Al 和 Si；组织、相组成都是如图所示的 Al,Si。图 2.31(b) 所示为低碳钢（Fe-C 二元合金，Fe 为基础，加入质量百分比约 0.45% 的 C 组成的材料）的显微形貌。该合金的组元是 Fe 和 C；组织组成为铁素体 F＋珠光体 P；由于珠光体 P 组织实际是由层片状铁素体 F 和渗碳体 Fe_3C 交替排列构成的，因此，该合金的相组成为铁素体 F＋渗碳体 Fe_3C（关于钢的组织和相具体见 §2.8 Fe-C 相图部分）。

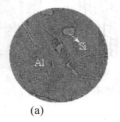
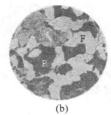

(a)　　　　　　　　　　(b)

图 2.31　Al-Si 合金(a)和低碳钢(b)的显微形貌

2.5.1　固溶体

固溶体是以一种金属元素为基础，其他合金元素（金属或非金属）的原子溶入基础元素的晶格中所形成的相。固溶体可以理解成是固态的溶液（图 2.32），基础元素称为溶剂，溶入元素称为溶质。根据溶质原子在溶剂中位置的不同，分为置换固溶体和间隙固溶体两大类。

置换固溶体中，溶质原子取代晶格中溶剂原子的位置。当组成固溶体的两种组元的原子半径接近（差别小于 15%）、晶格型式相同、电负性差别不大时，可能形成无限固溶体，即两组元可以无限互溶。

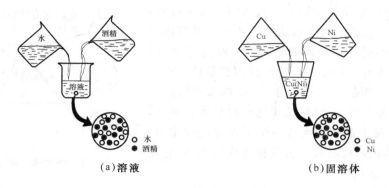

（a）溶液　　　　　　　　　　　（b）固溶体

图 2.32　溶液、固溶体的概念比较

当溶质原子尺寸较小时，它可以进入溶剂原子组成的晶格空隙，形成间隙固溶体。如图 2.33 所示，C 原子固溶入体心立方结构的 Fe 中，形成一种间隙固溶体。

固溶体的特点：(1)晶格型式同溶剂；(2)性能和溶剂接近。但是，固溶体中溶质原子使溶剂晶格发生畸变，因此其强度、硬度比原溶剂元素高。这种由于溶入其他组元而使材料强度提高的方法称为固溶强化。

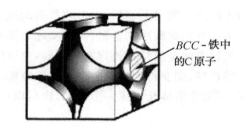

图 2.33　碳在体心立方铁中形成的间隙固溶体

2.5.2　中间相

中间相又称金属间化合物，是由合金元素按一定比例结合组成的化合物，其结合键是金属键和其他键(离子键、共价键、分子键)的混合键。由于含金属键形式，化学分子式一般不符合化合价规律。和固溶体不同，中间相的晶格型式不同于各组成元素的晶格，性能和组成元素原有性能差别较大。

中间相可分为三类：

(a)正常价化合物——由电负性差别较大的组元组成，组元的原子数比较符合化合价规律。如 Mg_2Sn，$AuAl_2$，AlN，SiC，$CaTe$ 等。硬度高、脆性大。

(b)电子化合物——满足一定电子浓度值 c 时可以稳定存在的化合物，不符合化合价规律。$c=e/a$，e 为价电子总数，a 为原子总数。c 为 21/14，21/13，21/12 时形成电子化合物，分别标为 β，γ，ε 相。

(c)间隙化合物——过渡族金属元素与小原子尺寸的非金属元素(C，N，B)形成的化合物。如 Fe 与 C 形成的硬、脆相 Fe_3C(渗碳体)。

2.6　金属结晶过程

一般条件下，熔融金属凝固后获得晶态结构的材料。因此，金属的凝固过程通常就是金属的结晶过程。金属结晶包括形核和长大两个基本过程，如图 2.34 所示。金属的实际结晶温度 T 低于其凝固点 T_0，称为过冷度，是金属凝固的驱动力。温度 T 下，由于能量起伏，熔体内一些位置开始形成固态晶核。小于特定尺寸 r_c（r_c 称为临界晶核尺寸）的晶核重新熔化消失，只有大于临界尺寸 r_c 的晶核才能继续长大。最终，熔体全部凝固，每个晶核长大成一个晶粒并彼此接触。以上这种从熔体内形成晶核的过程称为均匀形核，它需要较大的过冷度 ΔT。

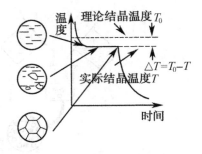

图 2.34　纯金属凝固过程示意图

　　在液态金属中形成固态晶核时，在体系中引入了新的液—固界面，因此，只有当凝固驱动力大于新引入的液—固界面能时，形核才有可能。当晶核在熔体内的杂质或容器壁上形成时，新引入的液—固界面能较小，形核所需的过冷度也相对较小，这种形核方式称为非均匀形核。由于不存在绝对纯净的金属，因此实际金属的凝固过程大多是非均匀形核的过程。

　　从以上的金属结晶过程容易判断，金属的形核率（单位体积液态金属的晶核数量）越大，长大速率越慢，则获得的晶粒越细。晶粒越细小，材料的强度越高，塑性也越好。如果控制结晶过程，使整个熔体长大成一个晶粒，则可以获得单晶。

2.7　相图基础

　　相图，又称合金状态图，反映恒压条件（一般为 1 atm）下，温度、组元成分与平衡相结构三者之间的关系。它是材料研究的一个最基本的工具。

　　所谓平衡相，又称稳定相，是假设系统以接近热力学平衡状态（变化时间足够长）变化时获得的相组成，是体系的热力学最稳定结构。由于热力学平衡状态是一种理想状态，实际体系只能无限接近平衡而不能达到绝对平衡，因此获得的都是接近于平衡相的亚稳相（图 2.35）。

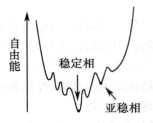

图 2.35　热力学稳定相和亚稳相区别示意图

　　相图是材料科学的基础。有了相图，就可以确定特定温度下，特定成分的材料的平衡相结构，也可以给出特定成分材料在不同温度下的平衡相变过程。图 2.36 给出一个简单的相图的例子。从图中可以看出，0 ℃时，糖水的饱和浓度为 61%（质量百分比）。随温度升高，饱和浓度增大。如果在 0 ℃下，将 30 g 水和 70 g 的糖组成一个体系，那么平衡状态下，该体系由糖水溶液和固态糖两种相组成，其中的 47 g 糖与水组成浓度为 61%（质量百分比）的糖水溶液，剩余的 23 g 糖以固态形式存在，即不溶入水中。如果这时候将体系温

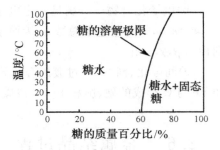

图 2.36　一个简单的相图——糖水

度升高到 100℃,那么所有的糖都将溶入水中,获得单一的糖水溶液。

2.7.1　相律

恒压条件下,存在如下关系,称为相律:

$$f = C - P + 1 \qquad\qquad 2\text{-}3$$

式中,C——构成合金系的组元数;P——共存的平衡相的数目;f——自由度,可以独立变化的因素,包括温度和共存的各平衡相中各组元的含量。

对纯金属:$C=1$,$f=2-P$。因此,

(1)熔化或凝固时液、固两相共存,$P=2$,$f=0$。温度恒定,即金属有固定的熔点和凝固点;

(2)只有液相或固相存在时,$P=1$,$f=1$。温度可变。

对二元合金:$C=2$,$f=3-P$。因此,

(1)$P=1$ 时,$f=2$。只有一个相存在时,温度和相组元成分可同时变化;

(2)$P=2$ 时,$f=1$。两相共存时,温度或组元成分之一可变,合金的熔化或凝固在一定温度范围内进行;

(3)$P=3$ 时,$f=0$。三相共存时,温度和组元成分恒定。

不同成分的合金组成的相图种类很多。下面简要介绍一些常见的二元合金相图。

2.7.2　匀晶相图

组成合金的两组元在固态形成无限固溶体时,获得匀晶相图。图 2.37 为 Cu-Ni 二元合金组成的匀晶相图。不同成分合金的液相都用 L 表示;固相,即两组元形成的置换固溶体用 α 表示。温度高于 $A1B$ 曲线的 Cu-Ni 合金都呈液态 L;温度低于 $A2B$ 曲线的 Cu-Ni 合金都呈固态 α,即形成 Cu(Ni) 或 Ni(Cu) 固溶体;温度介于两条曲线之间时,L 和 α 两相共存。因此,$A1B$ 曲线称为液相线,$A2B$ 曲线称为固相线。由图可知,纯 Cu 和纯 Ni 的熔融或凝固在特定的

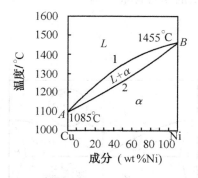

图 2.37　Cu-Ni 二元合金匀晶相图

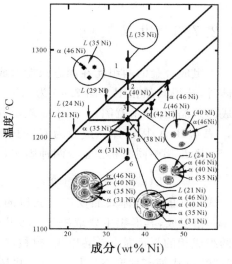

温度下进行;而 Cu-Ni 二元合金的熔融或凝固在一定温度范围内进行,符合相律的推导结果(见 2.7.1)。

从相图中可以判断合金凝固过程中各相的成分变化。例如,图 2.38 所示的 Cu-35Ni 合金的平衡凝　图 2.38　Cu-35Ni 合金的平衡凝固过程示意图

固过程如下:温度从点 1 降低到点 2 时,开始从 L 相中析出成分为 Cu-46Ni 的 α 相;当温度从点 2 继续降低到点 3 时,L 相的成分从 Cu-35Ni 沿液相线逐渐降低到 Cu-29Ni,同时,α 相不断析出,其成分从 Cu-46Ni 沿固相线逐渐降低到 Cu-40Ni;当温度降低到合金凝固点 4 时,L 相消耗完毕,合金全部凝固为成分为 Cu-35Ni 的 α 相。

上述成分变化必须通过 Ni 原子的扩散实现,因此,只有在一定温度下保持足够长的时间,合金才能通过扩散达到由相图确定的该温度下的平衡成分。实际凝固过程中,如图 2.38 所示,先析出的溶质含量多的固相被后析出的溶质含量少的固相包围。先析出的固相的成分要达到平衡,溶质原子(Ni)必须通过其外层的固相扩散到液相中。由于原子在固体中的扩散缓慢,这个过程来不及实现,因此,总体来说,此时固相的平均溶质含量高于平衡溶质含量。例如,当温度为点 3 时,α 相的平均 Ni 含量应该是约 42%,而不是平衡成分 40%。根据杠杆定律,和平衡态相比,此时液相较多。当温度降低到合金的凝固点 4 时,还有部分液相没有凝固。合金完全凝固的实际温度低于平衡凝固点。因此,实际凝固过程中,先析出的固相溶质含量多,后析出的溶质含量少,形成成分偏析。成分偏析对材料性能有害,必须通过长时间扩散退火才能消除。

两相区中各相的平衡组成可以由所谓的杠杆定律计算而得。如图 2.39,成分为 C_0 的合金在温度 T 下,L 和 α 相的成分分别为 C_L,C_a。因此,两种相的质量百分数 W_L,W_a 可推导如下:

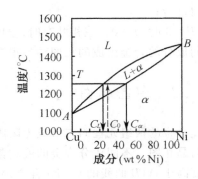

$$W_L + W_a = 1 \qquad 2\text{-}4$$

$$W_L C_L + W_a C_a = C_0 \qquad 2\text{-}5$$

由式 2-4,2-5 易得,

$$W_L = \frac{C_a - C_0}{C_a - C_L} \qquad 2\text{-}6$$

$$W_a = \frac{C_0 - C_L}{C_a - C_L} \qquad 2\text{-}7$$

图 2.39　杠杆定律计算合金平衡相组成示意图

式 2-4,2-5 适用于任何相图,也可以用来计算平衡组织的相对含量。

2.7.3　共晶反应

当组成合金的两组元在固态只能形成有限固溶体时,获得共晶相图。图 2.40 为 A-B 二元合金组成的共晶相图(示意图)。图中 α 表示 $A(B)$ 固溶体,β 表示 $B(A)$ 固溶体。成分为 C_0 的合金在温度 T_0 下,从 L 相中同时析出 α,β 两种固相,

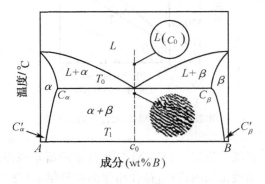

$$L(c_0) \xrightarrow{T_0} \alpha(c_a) + \beta(c_\beta) \qquad 2\text{-}8$$

式 2-8 的反应称共晶反应。获得的共晶组织由 α,β 相组成,其形貌主要取决于 α,β 相相对含量和两组成相的界面能,有层片状、树枝状、骨骼状、螺旋状、点状等多种形态(图 2.41)。共晶合金中

图 2.40　典型共晶相图(示意图)

α,β 相相对质量百分数也可以用杠杆定律计算而得,图 2.40 的共晶合金 C_0 在温度 T_0 下的 α,β 相相对质量百分数分别为,

$$W_\alpha = \frac{C_\beta - C_0}{C_\beta - C_\alpha} \qquad 2\text{-}9$$

$$W_\beta = \frac{C_0 - C_\alpha}{C_\beta - C_\alpha} \qquad 2\text{-}10$$

当温度从共晶温度 T_0 降低到 T_1 时,由相图可知,α,β 相的固溶度下降,因此,α 相中析出 β,同时 β 相中析出 α。此时 α,β 相相对质量百分数变为,

$$W_\alpha = \frac{C'_\beta - C_0}{C'_\beta - C'_\alpha} \qquad 2\text{-}11$$

$$W_\beta = \frac{C_0 - C'_\alpha}{C'_\beta - C'_\alpha} \qquad 2\text{-}12$$

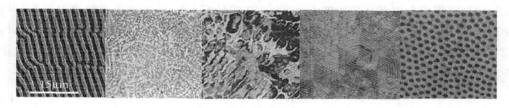

图 2.41　各种共晶相的形貌,自左而右:层片状、树枝状、骨骼状、螺旋状、点状

一种固相中同时析出两种固相的反应称为共析反应。共析反应产物的组织中的相组成计算与共晶反应类似。

如图 2.42 所示,成分为 C_1 的合金凝固时,从液相中析出 α 相(1→2),α 相不断形核长大(2→3),最终获得单一 α 相的组织。

如图 2.43 所示,成分为 C_2 的合金凝固时,首先从液相中析出 α 相(1→2),α 相不断形核长大(2→3),随温度继续降低,α 相中开始析出 β 相(3→4),最终获得 α 相基体上弥散分布 β 相的组织。

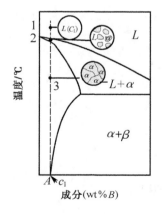

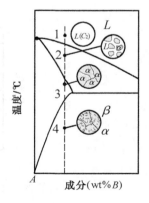

图 2.42　成分为 C_1 的亚共晶合金
　　　　凝固过程示意图

图 2.43　成分为 C_2 的亚共晶合金
　　　　凝固过程示意图

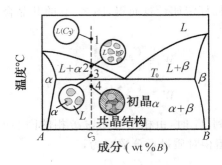

图 2.44　成分为 C_3 的亚共晶合金凝固过程示意图

如图 2.44 所示,成分为 C_3 的合金凝固时,首先从液相中析出 α 相(1→2),随着 α 相不断增多(2→3),液相成分逐渐从初始的 C_3 变为共晶成分 C_0,在 T_0 温度下发生共晶反应,获得共晶组织(3→4),最终获得共晶组织($\alpha+\beta$)基体上分布 α 相的组织。该组织中 α、β 相相对质量百分数可以类似地用式 2-9,2-10 计算;计算 α 相与共晶组织($\alpha+\beta$)的相对质量百分含量时,可以将($\alpha+\beta$)看作一种相,然后根据杠杆定律计算。如在共晶温度 T_0 下,

$$W_\alpha = \frac{C_0 - C_3}{C_0 - C_\alpha} \qquad\qquad 2\text{-}13$$

$$W_{(\alpha+\beta)} = \frac{C_3 - C_\alpha}{C_0 - C_\alpha} \qquad\qquad 2\text{-}14$$

式中,C_3,C_α 参见图 2.40。

以上合金的成分中 B 含量都小于共晶成分,称为亚共晶合金。类似地,成分中 B 含量大于共晶成分的合金称为过共晶合金,其凝固过程与亚共晶合金类似。

2.7.4　包晶反应

液相和一种固相反应,析出另一种固相的反应称为包晶反应,如图 2.45 所示。

$$L + \alpha \to \beta \qquad\qquad 2\text{-}15$$

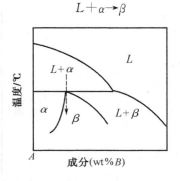

图 2.45　含包晶反应的相图(示意图)

2.8 Fe-Fe$_3$C 相图

Fe-Fe$_3$C 相图是研究钢铁材料的基本工具。如图 2.46 左图所示,纯 Fe 有三种同素异构体:室温下为体心立方 BCC 结构,912 ℃以上转变为面心立方 FCC 结构,1394 ℃以上又变成 BCC 结构。图 2.46 右图为 Fe-Fe$_3$C 相图。

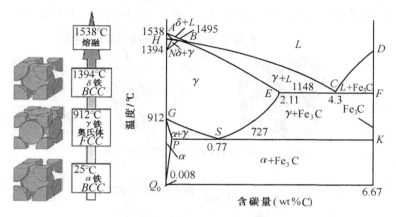

图 2.46 Fe-Fe$_3$C 相图

2.8.1 三个基本相

当 Fe 和 C 组成二元合金时,获得以下三种重要的基本相:

(1)铁素体(α,F)

C 在 BCC-Fe 中的间隙固溶体,晶体结构为 BCC。727 ℃下,C 在 BCC-Fe 中的固溶度最大,为 0.0218 wt%,随着温度降低,固溶度下降,室温下为 0.008 wt%。铁素体相的性能特点与纯 Fe 类似,强度、硬度低,塑性好。

铁素体组织在光学显微镜下呈白色,如图 2.47。图中黑色线条为试样经蚀后(侵蚀剂一般采用 4%硝酸酒精溶液)显现出的晶界。

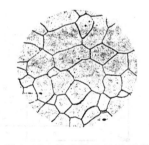

图 2.47 铁素体的显微形貌

(2)奥氏体(γ,A)

C 在 FCC-Fe 中的间隙固溶体,晶体结构为 FCC。由 Fe-C 相图可知,奥氏体的含碳量在 1148 ℃时最高,为 2.11 wt%,高于或低于该温度,C 在 FCC-Fe 中的固溶度降低。奥氏体的强度高于铁素体,并有良好的塑性。

(3)渗碳体(C_m,Fe$_3$C)

碳含量达到 6.67 wt%时,与 Fe 形成间隙化合物 Fe$_3$C,晶体点阵属于正交晶系,每个晶胞中含 12 个 Fe 原子和 4 个 C 原子,点阵常数为 $a=0.4524$ nm,$b=0.5089$ nm,$c=0.6743$ nm。渗碳体具有很高的硬度,塑性接近于零。渗碳体在光学显微镜下也呈白色。

渗碳体在热力学上是一个亚稳相,石墨才是稳定相。但是,石墨的表面能大,形核需要克服很大的能量势垒,一般条件下,Fe-C 合金中的 C 的大部分与 Fe 形成渗碳体,因此,钢铁研究中,经常使用图 2.46 的 Fe-Fe₃C 相图。

　　C 在 *BCC*-Fe 和 *FCC*-Fe 中最大固溶度的差异可以从 *BCC*,*FCC* 结构中的间隙大小得到解释。晶格中主要有两类间隙:四面体间隙(图 2.48)和八面体间隙(图 2.49),间隙大小用它能容纳的刚性球的最大原子半径 r_B 与组成晶格的原子半径 r_A 之比 r_B/r_A 表示。图 2.50,图 2.51,图 2.52 分别示出了 *FCC*,*BCC* 和 *HCP* 结构中的四面体和八面体间隙的位置,其数量及间隙大小列于表 2.6 中。可见,尽管 *FCC* 中八面体间隙的数量比 *BCC* 少,但尺寸要大很多,这样,C 容易固溶入 Fe 的晶格中,因此,C 在 *FCC*-Fe 中最大固溶度比在 *BCC*-Fe 中大很多。

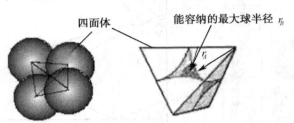

图 2.48　立方晶格中的四面体间隙示意图

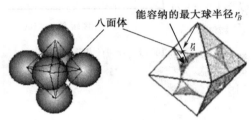

图 2.49　立方晶格中的八面体间隙示意图

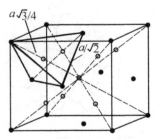
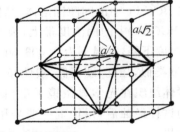

图 2.50　面心立方结构中的四面体和八面体间隙

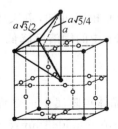
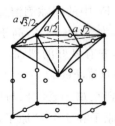

图 2.51　体心立方结构中的四面体和八面体间隙

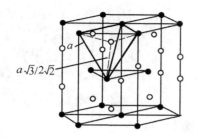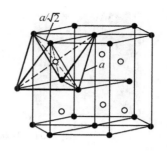

图 2.52　密排六方结构中的四面体和八面体间隙

表 2.6　三种典型晶体中的间隙数量、大小

晶体点阵	间隙类型	数量	r_B/r_A
FCC	四面体	8	0.225
	八面体	4	0.414
BCC	四面体	12	0.291
	八面体	6	0.154
HCP	四面体	12	0.225
	八面体	6	0.414

2.8.2　两个重要反应

（1）共析反应

碳含量为 0.77 wt％的 Fe-C 合金称为共析钢。从奥氏体区域冷却时，在 727℃恒温下同时析出铁素体和渗碳体，发生共析反应：

$$\gamma_{0.77} \xrightarrow{727℃} \alpha_{0.0218} + Fe_3C$$

2-16

铁素体与渗碳体的析出过程如图 2.53 所示，一般先在奥氏体晶界上析出一片铁素体（领先相），由于析出的铁素体含碳量只有 0.0218 wt％，碳原子向两边扩散，当两边的碳浓度达到 6.67 wt％时，形成渗碳体片。这样，就形成了一片铁素体一片渗碳体交替排列的层片状机械混合物，称为珠光体，用符号 P 表示。形成的珠光体组织向两边扩展并变长，形成一个晶体学方向一致的晶粒。最终，奥氏体冷却转变为多晶的珠光体组织。珠光体组织在显微镜下的形貌如图 2.54(a)所示，铁

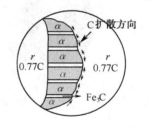

图 2.53　珠光体形成示意图

素体相和渗碳体相在显微镜下都呈白色，一般光学显微镜下，渗碳体两侧的界面不能分辨，看起来合成一条黑线，因此，视野中白色的为铁素体，黑线为合起来的渗碳体两侧的界面，白色的渗碳体无法分辨。在适当条件（如球化退火）下，片状的渗碳体变成球状，分布在铁素体基体上，形成粒状珠光体组织，如图 2.54(b)所示。

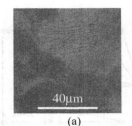 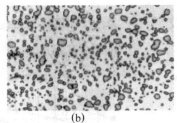

(a) (b)

图 2.54 片状珠光体(a)、粒状珠光体(b)组织

由杠杆定律易知,共析温度下珠光体中铁素体含量为 89 wt%,渗碳体含量为 11 wt%;室温下,铁素体中的碳含量下降,将从珠光体中的铁素体析出少量渗碳体,这些渗碳体和共析反应析出的渗碳体在光学显微镜下不能区分,此时,珠光体中铁素体含量为 88 wt%,渗碳体含量为 12 wt%。

珠光体组织的强度、硬度比铁素体高,比渗碳体低,塑性也较好。粒状珠光体的强度比片状珠光体略低,塑性更好。

碳含量小于 0.77 wt% 的 Fe-C 合金称为亚共析钢。从奥氏体区域冷却时,由图 2.46 的相图可知,将首先析出铁素体相,称为先共析铁素体。由于铁素体含碳量较低,碳原子向未转变的奥氏体扩散,在 727℃下,奥氏体的碳含量达到共析成分(0.77 wt% C),发生式 2-16 的共析反应,最终获得铁素体和珠光体的混合组织,相对含量可参照式 2-13,2-14 计算获得。冷却到室温时,铁素体相(包括先共析铁素体和珠光体中的铁素体)中析出少量渗碳体,这些渗碳体和共析反应析出的渗碳体在光学显微镜下不能区分。

碳含量大于 0.77 wt%,小于 2.21 wt% 的 Fe-C 合金称为过共析钢。从奥氏体区域冷却时,将首先析出渗碳体相。在 727℃下,奥氏体的碳含量降低到共析成分(0.77 wt% C),发生式 2-16 的共析反应,最终获得渗碳体和珠光体的混合组织。冷却到室温时,珠光体中的铁素体相将析出少量渗碳体。

图 2.55 所示为亚共析钢、共析钢和过共析钢的室温平衡组织形貌。

 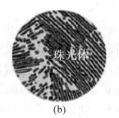 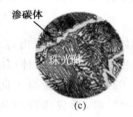

(a) (b) (c)

图 2.55 亚共析钢(a)、共析钢(b)、过共析钢(c)的室温平衡组织

(2)共晶反应

碳含量为 4.30 wt% C 的 Fe-C 二元合金,按亚稳系统冷却时,在 1148℃时开始结晶,发生如下共晶反应:

$$L_{4.30} \xrightarrow{1148℃} \gamma_{2.11} + Fe_3C \qquad 2\text{-}17$$

结晶产物为短棒状的奥氏体分布在渗碳体基体上的组织,称为莱氏体,用 Ld 表示。由杠杆定律可知,共晶温度下,莱氏体含 52 wt% 奥氏体、48 wt% 渗碳体。

727℃以下,奥氏体分解成珠光体和渗碳体:

$$\gamma_{2.11} \rightarrow P + Fe_3C \qquad \text{2-18}$$

Ld 变为 P 分布在 C_m 上的组织，称为变态莱氏体（Ld'），组织形貌见图 2.56(b)。

碳含量在 2.11～6.69 wt% 范围内的 Fe-C 二元合金按亚稳系统冷却时都会获得莱氏体组织，断口呈白色，称为白口铸铁。碳含量为 4.30 wt% 时称共晶白口铸铁；碳含量为 2.11～4.30 wt% 时称为亚共晶白口铸铁；碳含量为 4.30～6.69 wt% 时称过共晶白口铸铁。

亚共晶白口铸铁从液相冷却时，先析出树枝状的先共晶奥氏体，剩余液相在共晶温度下转变为莱氏体，在 1148～727 ℃ 之间，先共晶奥氏体和莱氏体中的奥氏体分解成珠光体和渗碳体，组织形貌见图 2.56(a)，白色区域为渗碳体，灰色区域为珠光体，保留树枝晶形貌。

过共晶白口铸铁从液相冷却时，先析出片状的先共晶渗碳体，剩余液相在共晶温度下转变为莱氏体，室温下获得珠光体、渗碳体和白色长条状先共晶渗碳体组织，形貌见图 2.56(c)。

 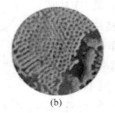 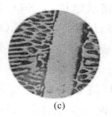

(a) (b) (c)

图 2.56　亚共晶(a)、共晶(b)、过共晶(c)白口铸铁的室温平衡组织

2.9　铁-石墨相图

碳含量在 2.11～6.69 wt% 范围内的 Fe-C 二元合金按热力学稳定系统冷却时，碳以石墨的形式析出。如图 2.57 所示，根据石墨的形态，铸铁分为灰口铸铁（片状石墨，断口呈灰色）、球墨铸铁（球状石墨）、蠕墨铸铁（蠕虫状石墨）等。基体可以是铁素体 F，珠光体 P 或 F 和 P 的混合组织。

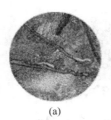 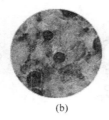 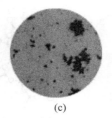

(a) (b) (c)

图 2.57　灰口铸铁(a)、球墨铸铁(b)、蠕墨铸铁(c)的显微组织

2.10　三大类材料结构

2.10.1　金属材料结构

金属材料结构特征包括晶体结构（FCC，BCC，HCP）及其缺陷、相结构（固溶体、中间相）

和显微组织结构(共晶组织、共析组织、非金属夹杂物等)。这些内容已在前面详细表述。

2.10.2　无机非金属材料结构

无机非金属材料的结构有以下几种类型:

(1)金刚石型结构

如 C,Si,Ge 等,各原子以共价键结合,键角 109°,构成正四面体,如图 2.16。

(2)硅酸盐结构

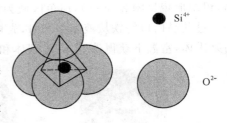

陶瓷的主要结构。基本结构单元为硅氧四面体 SiO_4,如图 2.58 所示。硅氧四面体组合成链状、层状和网状结构。链状结构中,SiO_4 共有一个氧,连接成链状,如石棉纤维;层状结构中,SiO_4 连接成片状,这些片叠合在一起形成层状,层之间由分子间作用力结合,容易裂开,如滑石 $3MgO \cdot 4SiO_2 \cdot H_2O$,高岭石 $Al_2O_3 \cdot 2SiO_2 \cdot 2H_2O$(简单的黏土)、云母等;网状结构中,$SiO_4$ 以三维方向相互结合形成网状结构,如石英,质地坚硬。

2.58　硅氧四面体 SiO_4

(3)玻璃结构

玻璃是由熔融体过冷而成的非晶结构透明固体材料,其主要成分为 SiO_2,Na_2O,CaO 等。关于玻璃结构有两个主要理论:1)无规则网络学说,认为玻璃是由离子多面体构成,它们之间通过公共氧(氧桥)搭桥作三维无规则连续排列,形成空间网络结构;2)晶子学说,认为玻璃由晶子构成,晶子是与该玻璃成分一致的晶态化合物,但尺度远小于一般的晶粒。图 2.59 是石英玻璃和钠硅酸盐玻璃的结构示意图。石英玻璃通过[SiO_4]四面体之间以角顶连接形成三维空间网络,但排列无序。钠硅酸盐玻璃中,在 SiO_2 中加入碱金属或碱土金属,破坏[SiO_4]四面体组成的网络。除此之外,还有一种微晶玻璃,是在玻璃基体上弥散分布细小的结晶体,具有较高的强度。

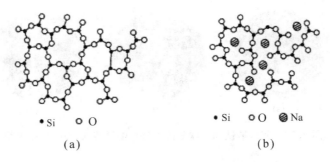

(a)　　　　　　　　　　　(b)

图 2.59　石英玻璃(a)和钠硅酸盐玻璃(b)结构示意图

(4)氧化物、非氧化物晶体结构

氧化物、非氧化物晶体结构主要取决于两个因素:1)阴阳离子电荷,决定了化学式;2)阴阳离子的半径,决定了阳离子周围的最近邻阴离子数(CN),这是因为只有阳离子和周围阴离子全部接触的结构才是稳定的。表 2.7 列出了阴阳离子的半径比和 CN 之间的关系,以及阴阳离子的空间结构。如图 2.60 所示是一些典型的氧化物、非氧化物晶体结构:

表 2.7　阴阳离子的半径比 r_c/r_a 和 CN 之间的关系、阴阳离子的空间结构

CN	2	3	4	6	8
r_c/r_a	<0.155	$0.155\sim0.225$	$0.225\sim0.414$	$0.414\sim0.732$	$0.732\sim1.0$
空间结构					

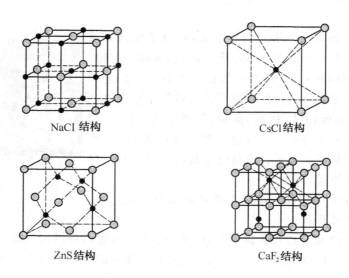

图 2.60　几种典型的氧化物、非氧化物晶体结构

- NaCl 结构:Na^+ 半径 0.102 nm,Cl^- 半径 0.181 nm,$r_c/r_a=0.56$,$CN=6$。具有 NaCl 结构的化合物有 NaCl,MgO,FeO,LiF 等。
- CsCl 结构:Cs^+ 半径 0.170 nm,Cl^- 半径 0.181 nm,$r_c/r_a=0.94$,$CN=8$。
- 立方 ZnS 结构:Zn^{2+} 半径 0.074 nm,S^{2-} 半径 0.184 nm,$r_c/r_a=0.40$,$CN=4$。具有 ZnS 结构的化合物有 ZnS,ZnTe,SiC,MnS 等。
- CaF_2 结构:Ca^{2+} 半径 0.100 nm,F^- 半径 0.133 nm,$r_c/r_a=0.75$,$CN=8$。具有 CaF_2 结构的化合物有 $PtSn_2$,$PtIn_2$,$AuAl_2$ 等。

陶瓷材料包括单相晶体结构的特种陶瓷(MgO,TiO_2,Al_2O_3,ZnO,SiC,TiC 等)和普通陶瓷。普通陶瓷材料是由晶相、玻璃相和气相构成的多晶多相集合体,如图 2.61 所示。晶相是陶瓷的基本组成部分,主要有硅酸盐、氧化物、非氧化物三种(结构如前所述),其性质决定着陶瓷的性能。陶瓷中一般有多种晶相,含量多、对性能起主要作用的称主晶相,其余的称次晶相、第三晶相等。玻璃相是非晶低熔点固体,多为无规则网络的硅酸盐结构(图 2.59),其主要作用有:填充气孔和空隙;将分散的晶相粘结起来,降低烧结温度;抑制晶粒长大等。但是,玻璃相的存在降低陶瓷材料的高温使用性能。气相存在于晶体内部或晶体与玻璃相之间。一般陶瓷中占 5%～10%,特种陶瓷中低于 5%。气孔是裂纹的根源,使陶瓷强度降低、脆性增大。因

此,一般材料要求有较低的气孔率。但是,对轻质隔热耐火材料、隔音吸振材料等要求有一定的气孔率。

化学组成一定时,陶瓷材料的性能取决于:1)晶相的种类、数量、分布,晶粒大小、形态,结晶特征、取向;2)玻璃相的存在与分布;3)气相(气孔)的尺寸、数量、分布等。由于普通陶瓷的组成比较复杂,因此,其性能均匀性也比较差。

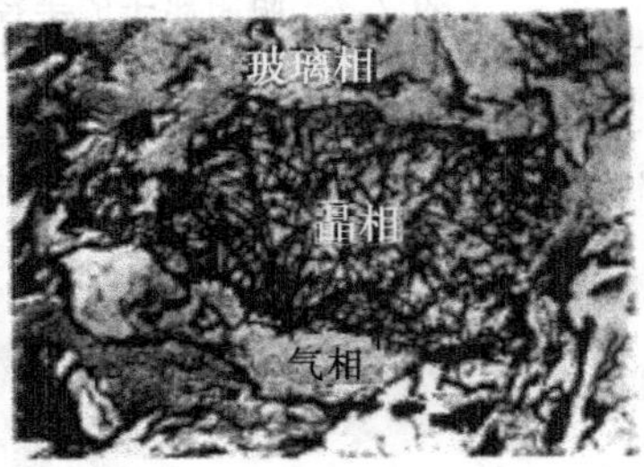

图 2.61　普通陶瓷的显微组织

2.10.3　高分子材料结构

高分子材料主要由高分子化合物组成,高分子化合物通常由一种或几种低分子化合物(单体)聚合而成,又称高聚物。高聚物的重复结构单元称链节,链节数目称聚合度。高分子的分子量为链节分子量与聚合度的乘积。自然界中存在许多天然高分子材料,如蛋白质、核酸、淀粉、纤维素等。图 2.62 所示是一种天然高分子材料——蚕丝的微观形貌照片。人类使用最多的高分子材料是各种合成高分子材料,包括塑料、橡胶、胶粘剂、合成纤维等。

图 2.62　天然纤维(蚕丝)

单体合成高分子化合物的过程主要通过聚合反应进行,聚合反应有两种主要形式:

- 加聚反应——反应过程无副产物,单体一般为含双键的有机化合物;
- 缩聚反应——反应过程产生低分子化合物,单体一般为环状化合物或含官能团的化合物。

图 2.63 示意了合成聚氯乙烯的加聚反应过程。每个单体的 C=C 双键打开并彼此连接形成高分子链,即获得聚氯乙烯。

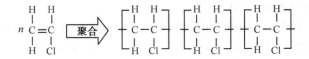

图 2.63　合成聚氯乙烯的加聚反应

常见单体主要有烷类(甲烷、乙烷、丙烷)、烯类(乙烯)、炔类(乙炔)等碳水化合物,以及醇、醚、酸、醛、芳香烃等。

根据化学成分不同,高分子链可分为以下几类:

(a)碳链高分子——大分子主链全部由碳原子构成;

(b)杂链高分子——大分子主链除碳原子外,还含有 O,S,N,P 等;

(c)元素有机高分子——大分子主链没有碳原子,主要由 Si,O,N,Al,B,P,Ti 等原子构成,且侧链为有机取代基;

(d)元素无机高分子——大分子主链没有碳原子,且侧链无有机取代基。

碳链高分子中以不同的基团取代 H,可以获得不同性能的高分子。如图 2.64 所示,不同的基团取代乙烯中的 H,可以获得聚氯乙烯、聚丙烯、聚苯乙烯、聚甲基丙烯酸甲酯(有机玻璃)等。

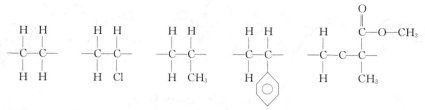

图 2.64　不同基团取代乙烯中的 H,获得不同高聚物:聚乙烯、聚氯乙烯、聚丙烯、
聚苯乙烯、聚甲基丙烯酸甲酯(有机玻璃)

高分子材料的结构包括高分子链的结构(空间构型、构象、形态)及高分子材料的聚集态结构。

(1)高分子链的结构

高分子链的空间构型指高分子链中原子或原子团在空间的排列方式,即链结构。分子链的侧基为 H 原子时,只有一种链结构,如聚乙烯分子链(图 2.65)。分子链的侧基有其他原子或原子团时,化学成分相同而取代基沿分子主链占据位置不同,因而具有不同链结构的现象,如图 2.66 所示,包括全同立构、间同立构和无规立构。全同立构和间同立构的高分子易结晶,硬度、密度、软化温度、熔点较高;无规立构高分子不易结晶,易软化,性能较差。

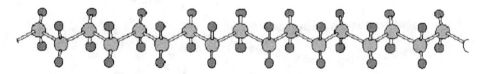

图 2.65　聚乙烯的分子链(只有一种空间构型)

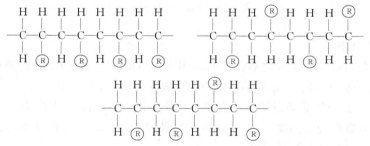

图 2.66　高分子链的三种空间构型:全同立构、间同立构、无规立构

以单键连接的原子由于热运动,两个原子可以在保持键角、键长不变的前提下作相对旋转,称为单键内旋转。由于单键内旋转所产生的高分子链的空间形态,称为高分子链的构象,如图 2.67 所示。高频率的单键内旋转可以随时改变高分子链的构象,使线型分子链在空间呈卷曲状或线团状。在拉力作用下,呈卷曲状或线团状的分子链可以伸展拉直,外力去除后又缩回到原来的卷曲状或线团状,从而使高分子链具有柔性。实际高分子链都带有不同型式和大小的侧基,而且都处于一定的聚集态中,因此,很难发生单键内旋转,而是以几个单键为一个独立单元进行内旋转,称为链段运动。链段越短、数目越多,高分子越柔软。高分子柔性受构成单键的元素、分子链的侧基或支链、链节数、温度等因素影响。

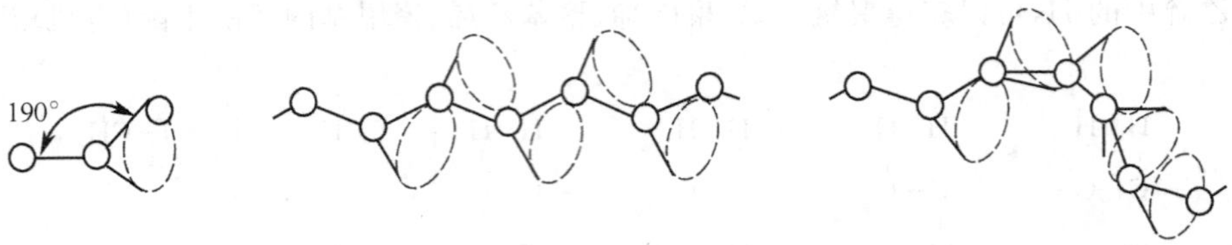

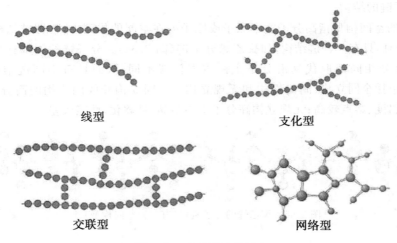

图 2.67　高分子链的构象

　　高分子链的形态有四类：线型、支化型、交联型和网络型，如图 2.68 所示。线型和支化型分子链构成的聚合物统称线型聚合物，具有高弹性和热塑性，又称热塑性聚合物，如涤纶、尼龙、生胶等。交联型和网络型高分子链构成的聚合物称为体型聚合物，具有较高的强度和热固性，又称热固性聚合物，如酚醛塑料、环氧树脂、硫化橡胶等。

线型

支化型

交联型

网络型

图 2.68　高分子链的形态

（2）高分子的聚集态

　　高分子材料是由高分子化合物靠分子间作用力（范德华力、氢键）聚集而成的。按高分子链排列的有序程度，高分子的聚集态有晶态和非晶态两类。图 2.69(a)，(b) 属于晶态结构，图 2.69(c)，2.70 为晶态和非晶态混合结构，2.69(d) 为非晶态结构。对于混合结构，聚合物中结晶区域所占的百分数称为结晶度，表示聚合物的结晶程度（图 2.70）。由于结晶态高分子密度大于非晶态高分子，可用密度确定结晶度 c：

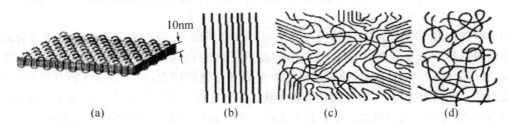

(a)　　　　　(b)　　　　　(c)　　　　　(d)

图 2.69　高分子的聚集态

$$c = \frac{\rho_c(\rho_s - \rho_a)}{\rho_s(\rho_c - \rho_a)} \times 100\% \qquad 2\text{-}19$$

式 2-19 中，ρ_s，ρ_c，ρ_a 分别为实际高分子材料、假设该高分子材料全部为晶态和非晶态结构时的密度。结晶度的影响因素有冷却速率、单体复杂程度、高分子链形态和高分子链的空间构型等。冷却越慢、单体越简单则对称性越好；侧基原子或原子团极性越大，越容易结晶。高分子的结晶度影响其性能，见表 2.8。

图 2.70　晶态和非晶态混合结构

表 2.8　高分子的结晶度和性能的关系

聚集态	分子链特点	性能特点
晶态	规则排列，分子间吸力大，运动困难	熔点、相对密度、强度高，刚度、耐热性好
非晶态	无规则排列，运动容易	弹性、延伸率和韧性好
部分晶态	介于以上两者之间	性能介于以上两者之间。随结晶度增加，熔点、相对密度、强度、刚度、耐热性提高，弹性、延伸率和韧性降低。

为了改善高分子材料性能，和金属的合金化类似，可以通过共聚、嵌段、接枝、共混等方法获得共聚高分子（高分子合金），其高分子链的主要类型如图 2.71 所示。ABS 塑料、丁苯橡胶等都是共聚高分子。

图 2.71　高分子合金的高分子链的几种主要类型

第三章

材料性能基础

不同的材料在给定外界条件下表现出不同的行为,即不同的材料性能。材料的性能包括物理性能,如材料的密度、熔点、热学性能、电学性能、光学性能、磁学性能;化学性能,如材料的抗氧化性、耐腐蚀性、催化性能、生物材料的生物相容性;力学性能,包括材料的弹性、强度、韧性、硬度、疲劳性能、耐磨性、高温力学性能等等。本章简要介绍材料的一些常用物理性能、力学性能,以及金属材料的强化方法(塑性变形、细化晶粒、合金化、热处理等),无机非金属材料增强增韧和高分子材料增强与改性。

材料的性能取决于成分、化学键、组织结构。表 3.1 列出了三大类材料的一般性能特点,它们是由化学键决定了的。

表 3.1   三大类材料的一般性能特点

材料	化学键	一般性能特点
金属材料	金属键	强度、硬度较高;塑性、韧性好;导电、导热性好
无机非金属材料	离子键、共价键	强度、硬度高;塑性、韧性差;一般不导电;耐热、耐腐蚀
高分子材料	共价键、分子键	强度、硬度低;韧性中等;绝缘;不导热;耐热性差、易燃;轻;软;易加工

3.1   材料物理性能

3.1.1   热学性能

3.1.1.1   热容

热容表征材料从周围环境吸收热量的能力,可以用 1 mol 物质温度升高 1 K 时所吸收的热量来表示,单位:J/(mol·K)。热容可分为定压热容 C_p 和定容热容 C_v,由式 3-1 定义:

$$C_p = \frac{\mathrm{d}Q}{\mathrm{d}T}\bigg|_{p=p_0}, C_v = \frac{\mathrm{d}Q}{\mathrm{d}T}\bigg|_{v=v_0} \qquad 3\text{-}1$$

3.1.1.2　热传导

材料的热传导性能,即材料传热的本领,用热导率 λ 表征,单位:W/(m·K),由式 3-2 定义:

$$q = -\lambda \frac{dT}{dx} \qquad\qquad 3\text{-}2$$

式中,q——单位时间单位面积(垂直于热流方向)内流过的热量,单位:W/m²;

　　　dT/dx——温度梯度,单位:K/m。

热传导的本质是由于温差而发生的材料相邻部分间的能量迁移,可以通过三种方式进行:自由电子传导、晶格振动传导和分子或链段传导。

金属材料的热传导主要通过自由电子进行。由于金属材料中的原子主要是通过金属键结合,自由电子可以在整个晶格中自由迁移,因此,金属的热导率较高,约为 20~400 W/(m·K)。随温度升高、金属中缺陷增多,自由电子的迁移受到阻碍,金属热导率下降。

无机非金属材料的原子主要通过离子键、共价键结合,电子迁移困难。因此,热传导主要通过晶格振动进行,一般热导率较低,是良好的绝热材料。随温度升高,无机非金属材料的热导率略微减小。一般陶瓷材料的热导率约为 2~50 W/m·K,陶瓷中的孔洞等缺陷明显降低热导率。玻璃的原子排列远程无序,不产生热弹性波,因此热导率更低。

高分子材料中,热量主要通过分子或链段的振动传递,速度慢,因此其热导率低,可用作绝热材料。随高分子材料结晶度增大,热导率增大。

3.1.1.3　热膨胀系数

材料的热胀冷缩特性可以用热膨胀系数定量表示。热膨胀系数由式 3-3 定义,表示温度变化 1 K 时材料单位长度(线膨胀系数 α_l)或单位体积(体积膨胀系数 α_v)变化量。对各向同性材料,$\alpha_v = 3\alpha_l$。

$$\alpha_l = \frac{1}{l}\left(\frac{dl}{dT}\right)_p, \quad \alpha_v = \frac{1}{V}\left(\frac{dV}{dT}\right)_p \qquad\qquad 3\text{-}3$$

热膨胀系数主要取决于原子(或分子、链段)之间的结合力,结合力越大,热膨胀系数越低。表 3.2 是三类材料的线膨胀系数数值范围,显然,高分子材料的线膨胀系数最高,金属材料次之,陶瓷材料最低。在温度作用下,材料热膨胀系数的巨大差异往往引起很大的应力,从而导致不同材料的界面开裂。因此,一些涉及陶瓷和金属连接的部件,如封装陶瓷管用的金属、陶瓷电子线路板和金属引出线、金属表面的陶瓷涂层等,必须考虑降低金属的热膨胀系数或增大陶瓷的热膨胀系数以相互匹配。

表 3.2　三类材料的线膨胀系数数值范围

材料	金属	陶瓷	高分子
$\alpha_l/(\times 10^{-6}\ \mathrm{K}^{-1})$	5~25	0.5~15	50~300

3.1.1.4　抗热冲击性

温度变化会在材料内部引入应力——热应力,将导致脆性材料的断裂或塑性材料的变形。由约束热胀冷缩引起的热应力大小可由式 3-4 计算:

$$\sigma = E\alpha_l(T_0 - T_f) = E\alpha_l \Delta T \qquad\qquad 3\text{-}4$$

式中，E 为材料的弹性模量（见 §3.2 力学性能部分）、α_l 为线膨胀系数、$\Delta T = T_0 - T_f$，为温度梯度。加热时，$T_f > T_0$，$\sigma < 0$，为压缩应力；冷却时，$T_f < T_0$，$\sigma > 0$，为拉伸应力。

材料急冷急热时，材料内部产生温度梯度，其大小取决于材料的形状尺寸、热导率和外界温度变化。温度梯度也产生热应力。例如，材料急冷时（假设不发生相变），外部冷得快，因而尺寸收缩得较快，被内部阻碍而在外部产生拉应力，在内部产生压应力；加热时应力状态相反。

对陶瓷类脆性材料，热应力直接导致脆性断裂。材料抵抗由于热冲击引起的脆性断裂的能力用材料的抗热冲击性（Thermal Shock Resistance，TSR）表征：

$$TSR \cong \frac{\lambda \sigma_f}{E \alpha_l} \qquad 3\text{-}5$$

式中，E 为材料的弹性模量、α_l 为线膨胀系数、λ 为热导率、σ_f 为断裂强度（见 §3.2 力学性能部分）。提高材料 TSR 值的最有效的方法是降低其热膨胀系数。例如，普通玻璃的 $\alpha_l = 9 \times 10^{-6}$ K^{-1}；减少普通玻璃中的 CaO，Na_2O 含量，添加一定量的 B_2O_3，$\alpha_l = 3 \times 10^{-6}$ K^{-1}，即获得耐热玻璃（石英玻璃）。

3.1.2　电学性能

3.1.2.1　**材料的导电性**

材料导电必须通过载流子（自由电子、空穴、离子等）在材料中的迁移实现。金属材料的载流子为自由电子，如图 3.1 所示。假设在电场 E 作用下电子沿 x 方向作漂移运动（即电场作用下电子的运动），则动量 $p_x = mv_x$。其中，m 为电子有效质量，v_x 为电子平均漂移速率。

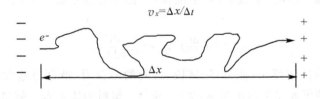

图 3.1　电场作用下电子沿 x 方向的漂移运动

当电子之间或电子与其他粒子碰撞时失去动量。两者平衡时，电场力＝碰撞作用力：

$$eE_x = mv_x/\tau \qquad 3\text{-}6$$

τ 为两次碰撞之间的时间，称为驰豫时间。因此，

$$v_x = eE_x\tau/m = \mu E_x \qquad 3\text{-}7$$

式中，μ 为电子迁移率，$\mu = e\tau/m$，反映电子迁移的难易程度。

设电子密度为 n，则电流密度 $J_x = nev_x = ne\mu E_x$，材料的电导率（电阻率的倒数）为：

$$\sigma = J_x/E_x = ne\mu = ne^2\tau/m \qquad 3\text{-}8$$

由式 3-8 可见，材料的电导率和载流子密度 n、迁移率 μ 相关。金属键结合的材料（金属材料）的载流子为价电子，迁移容易，电导率高（图 3.2(a)）；共价键结合的材料必须打开共价键后电子才能迁移，电导率低（图 3.2(b)）；而离子键结合的材料，载流子为整个离子，通过离子扩散导电，电导率低（图 3.2(c)）。表 3.3 为一些金属材料和半导体材料的 n，μ 值。尽管金属的迁移率比半导体低，但载流子密度比半导体大很多数量级，因此，金属的导电性远远高于半导体。图 3.3

示出了一些常见材料的电导率。

表 3.3　一些金属材料和半导体材料的载流子密度及其迁移率

	$\mu/(\text{m}^2 \cdot \text{V}^{-1} \cdot \text{s}^{-1})$	$n/(\text{m}^{-3})$
Na	0.0053	2.6×10^{28}
Ag	0.0057	5.9×10^{28}
Al	0.0013	1.8×10^{29}
Si	0.15	1.5×10^{10}
GaAs	0.85	1.8×10^{6}
InSb	8.00	—

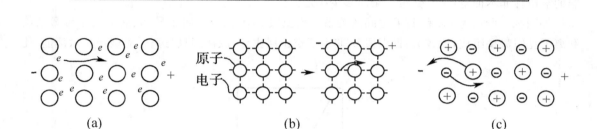

图 3.2　金属键(a)、共价键(b)、离子键(c)结合材料的导电行为

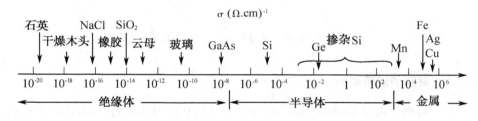

图 3.3　一些常见材料的电导率

金属材料的电阻率和温度之间呈线性关系，

$$\rho = \rho_0(1 + \alpha \Delta T) \qquad 3\text{-}9$$

式中，ρ 为金属电阻率，ρ_0 为金属室温电阻率，α 为电阻温度系数，$\alpha > 0$。温度升高，金属的电阻率增大。

金属中的晶格缺陷也影响其电阻率：

$$\rho_d = b(1-x)x \qquad 3\text{-}10$$

式中，ρ_d 为缺陷引起的金属电阻率降低值，x 为缺陷体积分数；b 为常数。

一般，金属材料的强化方法(见§3.3)都增加缺陷，因此，金属的导电性下降。其中，固溶强化引起的晶格畸变最严重，极大地降低电子迁移率，从而降低电导率；时效强化和弥散强化降低导电性的作用不如固溶强化明显；形变强化、细晶强化对导电性影响则很小。因此，一些既要求有高的强度，同时又要求有高的电导率的材料，多采用弥散强化或形变强化的方式提高材料的强度，如 Cu-Ag 合金、Cu-Al$_2$O$_3$ 复合材料等。

固体电解质的载流子是离子。实现离子导电需满足两个条件：

(1)离子在晶格中运动需要克服周围势垒

电子迁移率可表达为：

$$\mu = \mu' \exp(-Q/k_B T)$$ 3-11

式中，Q 为激活能，k_B 为玻尔兹曼常数，$k_B = 1.38 \times 10^{-23}$ J/K。因此，电导率和温度的关系为：

$$\sigma = \sigma' \exp(-Q/k_B T)$$ 3-12

两边取对数，得，

$$\ln\sigma = \ln\sigma' - \left(\frac{Q}{k_B}\right)\left(\frac{1}{T}\right)$$ 3-13

(2)附近有空位接纳离子

其中，离子晶体受热激发引起的空位称为本征空位，随温度升高而增多；离子晶体中杂质引起的空位称非本征空位，其数量由杂质多少决定。

如图 3.4 所示为 $\ln\sigma$ 和 $1/T$ 之间的关系。高温段 a，本征空位居主导，激活能由空位激活能和离子克服势垒组成，比较大；低温段 b，非本征空位居主导，激活能只是离子克服势垒激活能，比较小。

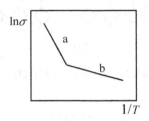

图 3.4 离子导电材料 $\ln\sigma \sim 1/T$ 关系示意图

3.1.2.2 材料的能带结构

一个原子中，电子占据不同的能级。由 N 个原子组成的固体材料中，各能级扩展成能带（图 3.5）。当材料核外价电子形成的能带未被原子填满，就可以导电。例如，金属 Na，多个 Na 原子的最外层价电子 $3s^1$ 形成一个未满的 $3s$ 能带（图 3.6），可以导电；碱土金属最外层 ns 能带尽管被电子填满，但和较高的能带有重叠，因此也能导电。

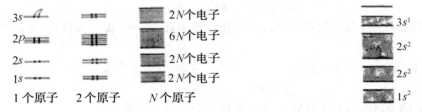

图 3.5 多原子电子能带形成示意图   图 3.6 金属 Na 的能带结构

如果材料的电子恰好填充某一能带（价带）及其以下的所有能带，并且在此之上有一个很宽的禁带与其上的空能带（导带）分隔开，那么这种材料不导电，是绝缘体。当禁带宽度不是很宽时，在热运动、电场或其他能量激励作用下，一些电子可能从价带跃迁到导带而导电，这种材料的导电性介于导体和绝缘体之间，为半导体。图 3.7 示出了导体、半导体和绝缘体的能带结构。

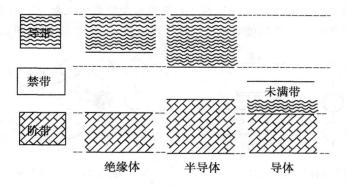

图 3.7 导体、半导体和绝缘体的能带结构示意图

3.1.2.3 半导体

半导体材料可分为本征半导体和掺杂半导体两类。Si,Ge 是本征半导体,其禁带宽度较小(约 1ev),一些电子可能有足够的热能从价带跳跃到导带,从而在价带留下一个空穴,在导带产生一个电子(图 3.8)。在外加电压作用下,电子向正极,空穴向负极运动而导电。其电导率可用式 3-14 计算:

$$\sigma = n_e q \mu_e + n_h q \mu_h \qquad 3\text{-}14$$

式中,n_e,n_h 分别为电子和空穴的密度,μ_e,μ_h 分别为电子和空穴的迁移率,q 为电量。

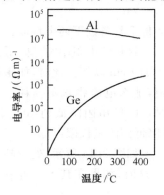

图 3.8 本征半导体导电示意图

当 $n_e = n_h = n$ 时,

$$\sigma = n q (\mu_e + \mu_h) \qquad 3\text{-}15$$

与金属相反,一定范围内半导体的电导率随温度的升高而增大,如图 3.9 所示。这是由于温度升高,有更多的电子从价带跃迁到导带,载流子密度增大;而金属则由于温度升高,电子迁移阻力增大,电导率下降。

掺杂半导体有 n 型半导体和 p 型半导体两种。如图 3.10 所示,Si,Ge 中掺入少量五价元素 P,Sb,Bi,As 等,多出一个价电子,在导带附近形成一杂质能级(与导带能级之间的禁带宽度很

图 3.9 金属 Al 和半导体 Ge 的电导率与温度的关系

小),电子可容易地跃迁到导带而导电;当 Si,Ge 中掺入少量低价元素 Al 等,在满带附近形成一杂质能级,电子从价带跃迁到杂质能级而在价带中留下空穴,靠空穴导电(图 3.11)。

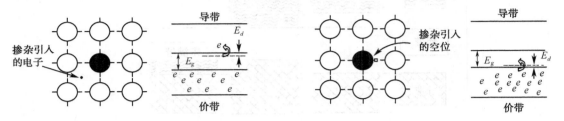

图 3.10　n 型半导体导电示意图　　　　图 3.11　p 型半导体导电示意图

除了单质半导体 Si,Ge 外,还有一些化合物也是半导体。符合化学计量比半导体化合物具有与 Si,Ge 类似的晶体结构和能带结构,通常为金属间化合物;非化学计量比半导体化合物中,化合物中阳离子(n 型)或阴离子(p 型)过量而具有半导体性能。例如,纯的 ZnO 为绝缘体,当 Zn 过量时,晶体中有多余的阳离子,变成 n 型半导体(图 3.12)。表 3.4 列出了一些半导体化合物的禁带宽度。

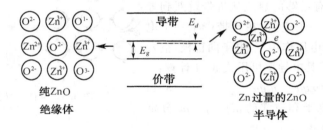

图 3.12　n 型半导体化合物(ZnO)的导电原理

表 3.4　一些半导体化合物的禁带宽度

化合物	ZnS	ZnTe	CdTe	GaP	GaAs	GaSb	InSb	InAs	ZnO	CdS	TiO₂	PbS
禁带宽/eV	3.54	2.26	1.44	2.24	1.35	0.67	0.165	0.36	3.2	2.42	3.2	0.37

3.1.2.4　超导性

所谓超导性,是指材料在特定条件下具备以下两个特征:

(1)零电阻效应(完全导电性)——材料的电阻率突然降低到目前仪器水平所能检测的极限值 10^{-25} $\Omega \cdot cm$ 以下。此时,如果往一个超导圆环内引入适当强度的电流,那么电流将永不损耗。如图 3.13 所示,当温度下降到 4.20 K 时,Hg 的电阻降低到 10^{-5} Ω;当温度下降到 4.15 K 以下时,电阻值降低到测量极限以下。

(2)迈斯纳效应(完全抗磁性)——如图 3.14 所示,处于超导态的材料,外磁场的磁力线不能穿过。这时,如果在其上放置一个磁体的话,磁体将被顶起一定距离。

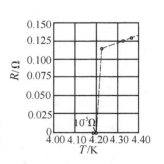

图 3.13　Hg 的完全导电性

材料要获得完全超导性,必须满足以下三个性能指标(图 3.15):

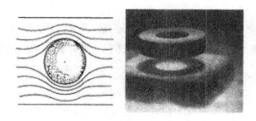 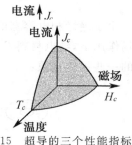

图 3.14 超导材料完全抗磁性示意图及其实验验证　　图 3.15 超导的三个性能指标

(a)临界超导温度 T_c——低于此温度时,材料出现零电阻效应和迈斯纳效应。表 3.5 列出了一些超导金属和超导金属间化合物的 T_c 值。

(b)临界磁场强度 H_c——破坏超导态的最小磁场强度。尽管环境温度满足 $T < T_c$ 的条件,如果此时外加磁场强度超过临界磁场强度 H_c 时,磁力线将穿过材料而不出现迈斯纳效应。

(c)临界电流密度 J_c——保持超导态的最大输入电流密度。$T < T_c$ 时,输入电流产生的磁场和外加磁场之和超过 H_c 时也破坏超导态。此时的临界输入电流即为 J_c。

超导三个性能指标之间有一定关系。J_c 随 H_c 增大而减小;$T < T_c$ 时,H_c 随温度升高而下降。图 3.16 为 $T < T_c$ 时一些超导金属 H_c 和温度之间的关系。一般地,它们之间满足关系:

$$H_c = H_c(0)\left[1 - \left(\frac{T}{T_c}\right)^2\right]　　　　　3\text{-}16$$

式中,$H_c(0)$ 为 0 K 时,超导体的临界磁场强度。

表 3.5 一些材料的 T_c 值

	W	Ti	Al	Sn	Hg	Pb	Nb	La$_3$Se$_4$	SnTa$_3$	Nb$_3$Sn	GaV$_3$	AlNb$_3$
T_c/K	0.015	0.39	1.18	3.72	4.15	7.23	9.25	8.6	8.35	18.05	16.8	18.0

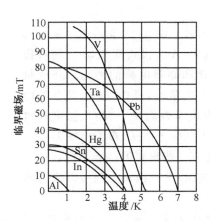

图 3.16 $T < T_c$ 时一些超导金属 H_c 和温度之间的关系

3.1.2.5 **介电性**

用于绝缘和电容器的介电材料的价带和导带之间存在大的能隙,具有高电阻率。在外加电场作用下,导电材料发生载流子的迁移而导电;而对高电阻率材料,则可能发生如图 3.17 示意的一些极化现象:

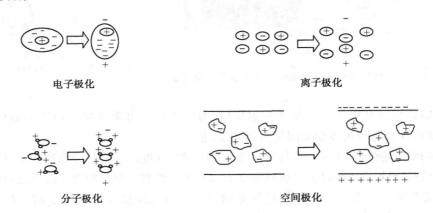

图 3.17　材料的四种极化机制

(a)电子极化——置于电场下的原子中,电子向接近正极的位置偏移产生极化。

(b)离子极化——置于电场下的由离子键组成的材料中,在电场方向阳离子和阴离子相互靠近或分开产生极化。离子极化可以引起材料形状变化。

(c)分子极化——置于电场下的极性分子重新排列产生极化。电场去除后分子极化可永久存在。

(d)空间极化——由于杂质等原因,材料相界面可能存在电荷,沿电场方向排列形成极化。空间极化的作用相对不明显。

材料的极化可以用极化率 P 表征。$P = Zqd$,其中,Z 为单位体积电荷数,q 为电量,d 为极化偶极子间距。

介电材料的一个应用是电容器。图 3.18 为一个平板电容器示意图。其电容 $C = \varepsilon A/d$,其中,A 为极板面积,d 为两极板间距,ε 为电容率,表征材料极化和储存电荷的能力。介电材料的相对电容率 $\kappa = \varepsilon/\varepsilon_0$,又称介电常数,其中,$\varepsilon_0$ 为真空的电容率,$\varepsilon_0 = 8.85 \times 10^{-12}$ F/m。介电常数取决于材料、温度和电场频率,与极化率 P 的关系为:$P = (\kappa - 1)\varepsilon E$,$E$ 为电场强度。

除了介电常数,介电材料还有一些重要的性能指标:

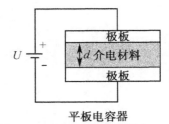

平板电容器

图 3.18　平板电容器示意图

(a)介电强度(电容器击穿电压)——极板之间可以维持的最大电场强度 E。单位:V/m。

(b)介电损耗——材料在每次交变电场中损失的能量(以热能形式消耗)所占的百分数。产生介电损耗的原因是:1)电流泄漏。电阻大时,这部分损耗很小;2)偶极子重排时产生的内耗。偶极子移动越难,一定交变频率下内耗越大。

容易理解,电容器用电介质对材料介电性能的要求是高介电常数、高介电强度和低介电损耗;绝缘体对材料介电性能的要求是高电阻率以防止电流泄漏、高介电强度以防止高电压下被击穿、低介电损耗以避免能量损失、低介电常数以避免电荷在绝缘体中积聚。

3.1.2.6 **压电性**

一些材料受外界应力作用而变形时形成偶极矩,在相应的晶体表面产生与应力成比例的极化电荷,称为正压电效应;相反,将材料放在电场中,晶体产生与电场强度成比例的弹性变形,称为逆压电效应,如图 3.19 所示。具备压电性的材料必须具有极轴,且晶体结构不对称,同时是绝缘体。

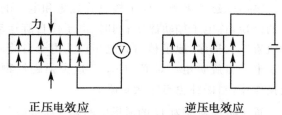

正压电效应　　　　　逆压电效应

图 3.19　材料的正压电效应和逆压电效应示意图

3.1.3　光学性能

光波分为红外线(波长 $\lambda > 800$ nm)、可见光($\lambda = 400 \sim 800$ nm)、紫外线($\lambda < 400$ nm)。材料与光的相互作用包括反射、吸收和透射。由于价键结构不同,材料对不同波长光的作用不同,如表 3.6 所示。

表 3.6　不同材料对光的反射、吸收和透射

	金属材料	陶瓷材料	高分子材料
反射	对微波、红外线、可见光、紫外线有强反射	对可见光不反射	反射率小
吸收	对微波、红外线、可见光吸收	由于晶格振动,在红外波段吸收;含过渡金属、稀土金属离子的物质对可见光吸收	在可见光波段产生吸收;在红外波段产生吸收
透射	一般不透过光波;厚 $10 \sim 50$ nm 的薄膜透过可见光	近红外和可见光一般透过;杂质、气孔和多晶使透过率下降。	透光性高

材料与光波的相互作用和它的能带结构有关。如图 3.20 所示,金属有未满带,光吸收后发射的光子能量很小,对应的波长在可见光范围之外,因此不发光;对荧光材料,价带受激发的电子跃迁到导带,但不稳定,很快返回价带,并同时释放出光子,发光时间短于 10^{-8} s;对磷光材料,存在杂质引入的施主能级。价带受激发的电子跃迁到导带,先落入施主能级并停留一段时间以逃脱陷阱,而后返回价带,并同时释放出光子,发光时间长于 10^{-8} s。

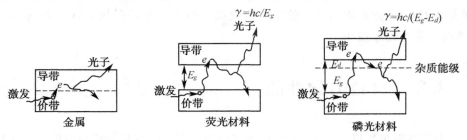

图 3.20　材料的发光性能

3.1.4　磁学性能

物质的磁性来源于原子核自旋磁矩和电子的运动产生的磁矩。核外电子绕原子核运动产生的磁矩,称电子循轨磁矩;同时,电子作自旋运动,产生电子自旋磁矩。电子自旋磁矩比电子循轨磁矩大得多,原子核自旋磁矩仅为电子自旋磁矩的几千分之一。因此,物质的磁性主要来源于电子自旋磁矩。对 Fe,Co,Ni 这类强磁性物质,不同原子间的未填满壳层电子发生特殊交换作用,对磁性也有很大贡献。

置于磁场强度为 H 的磁场中的磁介质被磁化,产生的磁化强度 $M=\chi H,\chi$ 为磁化率。介质内部的磁感应强度 $B=\mu_0(M+H)=\mu_0(\chi H+H)=\mu_0(\chi+1)H,\mu_0$ 为真空磁导率,$\mu_0=4\pi\times10^{-7}$ $(H\cdot m^{-1})$。定义 $\mu_r=\chi+1$,称为相对磁导率,则 $B=\mu H$。$\mu=\mu_0\mu_r$,为介质的磁导率。

根据磁化率 χ 的大小,材料可分为抗磁性、顺磁性和铁磁性材料三类。抗磁性材料的 χ 为很小的负值,约为 -10^{-5},如 Bi,Cu,Ag,Au 等;顺磁性材料的 χ 为很小的正值,约为 10^{-5},如 Al,Pt,稀土元素等;铁磁性材料的 χ 约为 10^3,只有 Fe,Co,Ni 三种。

顺磁性材料的磁化率 χ 与温度之间的关系为 $\chi=C/T,C$ 为居里常数;铁磁性材料在温度高于居里温度 T_c 时表现出强顺磁性,其磁化率 χ 与温度之间满足如下关系,

$$\chi=\frac{C}{T-T_c}$$

3-17

铁磁体在交变磁场作用下,磁化强度 M 或磁感应强度 B 和外加磁场强度 H 之间构成一条回线,称为磁滞回线(图 3.21)。磁滞回线可以用磁畴理论(技术磁化理论)来解释。所谓磁畴,是指没有外磁场作用时,铁磁体内部存在自发磁化的小区域,其磁化方向随机排列,总体上不显示磁性。磁畴体积约为 10^{-9} cm^3,磁畴之间为厚度约 10^{-5} cm 的畴壁(图 3.21 中的示意图 1)。在外磁场作用下,畴壁发生迁移,随机排列的磁畴趋向于沿外磁场方向排列(图 3.21 中的示意图 2)。当外磁场强度增大到一定值,所有的磁畴方向都和外磁场方向一致(图 3.21 中的示意图 3),此时材料的磁感应强度达到饱和,称为饱和磁感应强度 B_s。撤除外磁场,磁畴方向不是马上变成

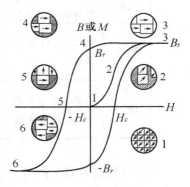

图 3.21　磁滞回线

随机分布,而是有部分磁畴方向保持在外磁场方向上(图 3.21 中的示意图 4),此时材料的磁感应强度称为剩余磁感应强度 B_r。要使剩余磁感应强度变为零,必须施加反向外磁场直到强度大于 H_c,H_c 称为矫顽力。磁滞回线包围的面积就是外磁场循环一周,铁磁体消耗的能量(热能),称为磁滞损耗。

3.2　材料力学性能

力学性能也称机械性能,是材料抵抗外力作用引起变形和断裂的能力。包括:强度、硬度、塑性、韧性、耐磨性、高温力学性能等等。材料的力学性能不仅与材料的成分、显微组织结构有

关,还和承受的载荷大小、种类、加载速率、环境温度、介质等因素相关。

载荷主要有拉伸、压缩、弯曲、扭转、剪切等几类。大小和方向都不变的载荷为静载荷;大小或方向至少有一个变化的载荷为动载荷。动载荷可分为周期变动载荷和随机载荷,其中,大小、方向均作周期性变动的载荷称为交变载荷。

3.2.1　光滑圆柱试样静拉伸试验

图 3.22 圆柱试样静拉伸实验,图中左上角
为拉伸到一定阶段(颈缩)后的试样

图 3.23 拉伸前后试样

材料的强度、塑性可以通过光滑圆柱试样静拉伸试验确定。试验在万能拉伸试验机上进行,如图 3.22 所示。按照一定标准加工的光滑圆柱试样(图 3.23 上)在拉伸载荷作用下发生变形,可以记录下载荷大小~伸长量之间的关系。可以通过以下关系将载荷大小~伸长量之间的关系转化为应力~应变曲线:

应力 σ——材料受外加载荷作用时单位面积的内力,单位:MPa。

$$\sigma = P/F_0 \qquad 3\text{-}18$$

式中,P 为所加载荷大小,F_0 为试样初始截面积(图 3.24)。

应变 ε,Ψ——材料单位长度(或面积)上的伸长或收缩,单位:无。

$$\varepsilon = \frac{\Delta l}{l_0} = \frac{l - l_0}{l_0} \qquad 3\text{-}19$$

$$\Psi = \frac{\Delta F}{F_0} = \frac{F_0 - F}{F_0} \qquad 3\text{-}20$$

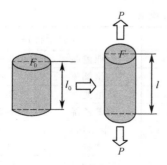

图 3.24　应力、应变定义

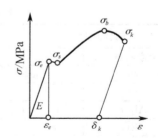

图 3.25　典型塑性材料的静拉伸
应力~应变曲线

图 3.25 为一种典型的塑性材料在静拉伸载荷作用下的应力~应变曲线。从试样开始变形到断裂,可分为弹性变形、塑性变形(含加工硬化)和断裂三个阶段。每个阶段都反映了材料在不同大小载荷作用下的力学行为。

3.2.1.1　弹性变形

在较小载荷作用下,材料中的原子在平衡位置附近作微量位移,载荷消失后,微量位移消失。反映在宏观上,就是材料在载荷作用下发生了可以完全回复的变形,即弹性变形。在这个阶段,应力和应变之间符合线性关系(图 3.26),

$$E = \tan\theta = \sigma/\varepsilon \qquad\qquad 3\text{-}21$$

式 3-21 即为虎克定律,E 为正变弹性模量,单位 GPa,反映了原子间作用力大小。材料的熔点也反应了原子间作用力大小,因此,一般地,材料的熔点越高,正变弹性模量越大,如图 3.27。弹性模量主要取决于材料的成分,受组织结构影响不大,是个组织不敏感参量。温度升高,原子间距增大,弹性模量减小。表 3.7 列出了一些材料室温下的正变弹性模量。

除了弹性模量外,弹性变形阶段还反映了材料的如下力学性能指标(图 3.26):

弹性极限 σ_e——材料由弹性变形阶段过渡到塑性变形时的应力,一般规定以产生一定残余伸长(如 0.01%)时的应力为弹性极限,记为 $\sigma_{0.01}$。

弹性 ε_e——材料可以回复的最大变形量。

弹性比功 α_e——材料吸收弹性变形功的能力,为应力～应变曲线包围的面积:

$$\alpha_e = \frac{1}{2}\sigma_e\varepsilon_e = \frac{\sigma_e^2}{2E} \qquad\qquad 3\text{-}22$$

金属材料弹性变形主要特点是变形可以完全回复,变形量小。

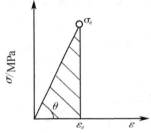

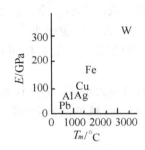

图 3.26　弹性变形阶段应力～应变曲线　　　　图 3.27　一些金属的正变弹性模量与熔点的关系

表 3.7　一些材料的弹性模量 E　　　　　　　　(GPa)

陶瓷材料		金属材料		高分子材料	
金刚石(C)	1000	W	406	聚亚酰胺	3～5
WC	450～650	Cr	289	聚酯	1～5
SiC	450	Ni	214	尼龙	2～4
Al_2O_3	390	Fe	196	聚苯乙烯	3～3.4
BeO	380	低碳钢	200～207	聚乙烯	0.2～0.7
MgO	250	不锈钢	190～200	橡胶	0.01～0.1
ZrO	160～241	铸铁	170～190	聚四氟乙烯	0.39
莫来石 $Al_6Si_2O_{13}$	145	Cu	124	聚丙烯	1.13～1.38
Si	107	Ti	116	聚甲醛	2.71
SiO_2	94	黄铜、青铜	103～124	聚砜	2.45～2.75
玻璃 $Na_2O\text{-}SiO_2$	69	Al	69	聚碳酸酯	2.16～2.36

3.2.1.2 塑性变形

当载荷超过材料的弹性极限时,材料发生不可逆永久变形,称为塑性变形。这个阶段的应力～应变关系变成非线性关系。塑性变形的变形量相对较大,必须通过原子价键的断开、重排来实现。晶体材料中,塑性变形主要通过滑移、孪生和扭折的方式实现。后两者只有在滑移不容易发生时起主要作用。下面仅重点介绍滑移这一最重要的塑性变形方式。

晶体材料的滑移是材料在切应力作用下沿一定晶面(滑移面)上的一定晶向(滑移方向)进行的切变变形。如图 3.28 所示,最右边的完整晶体的上下部分要在垂直于纸面的中间晶面上左右相对错动一个原子面,变成最左边所示,所需要的理论切变强度约为 $G/30$(G 为材料的切变弹性模量)。实际纯金属单晶最大切变强度仅为 $G/100000 \sim G/10000$。因此,材料的滑移并不是通过所有原子面的整体错动来实现,而是通过位错运动实现的。如图 3.29 所示,刃型位错在切应力作用下,每一次位错中心附近的原子仅作少量的位移(小于一个原子间距),实现上下原子面的滑移过程,这样,原子移动所需要的实际应力要小得多。因此,滑移总是通过位错(包括刃型位错、螺型位错和混合位错)的运动实现的。整个过程可以形象地比喻成如图 3.28 所示的蠕虫的爬行过程。

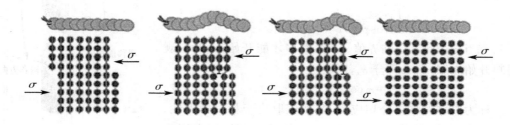

图 3.28 刃型位错运动造成上下原子面滑移示意图

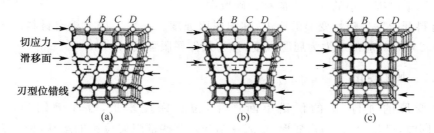

图 3.29 刃型位错运动造成上下原子面滑移三维示意图

容易理解,常见晶体结构的滑移面是原子最密排面,滑移方向是原子最密排方向。一个滑移面和其上的一个滑移方向构成一个滑移系。滑移系越多,位错的滑移运动越容易,材料塑性越好。表 3.8 列出了三种晶体结构的滑移系及其数量。可见,密排六方的滑移系最少,因此,一般密排六方结构的金属比体心立方结构和面心立方结构的金属塑性相对较差。

表 3.8　三种晶体结构的滑移系及其数量

晶体结构	体心立方	面心立方	密排六方
滑移系	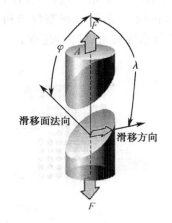		
滑移面	(110)	(111)	(001)
滑移方向	[111]	[110]	[001]
滑移系数量	12	12	3

如图 3.30 所示,假设滑移面法向与外力 F 的方向夹角为 φ,滑移方向与外力 F 的方向夹角为 λ,那么,作用在滑移方向上的分切应力 τ 为:

$$\tau = \frac{F\cos\lambda}{A/\cos\varphi} = \frac{F}{A}\cos\lambda \cdot \cos\varphi \qquad 3\text{-}23$$

只有当 τ 达到某一临界值 τ_c 时,滑移才能开始,此时宏观上材料开始屈服,F/A 等于 σ_s,因此,

$$\tau_c = \sigma_s\cos\lambda \cdot \cos\varphi \qquad 3\text{-}24$$

τ_c 称为晶体的临界分切应力,其数值取决于材料的本性、温度和加载速率,称为取向因子。由式 3-23 可见,取向因子大,容易满足条件 $\tau > \tau_c$,滑移容易产生,因此该滑移方向称为软取向;相反,取向因子小的滑移方向称为硬取向。

图 3.30　滑移产生的力学条件

σ_s 为材料开始发生塑性变形的应力,称为屈服强度。一般工程上规定材料产生的塑性变形应变为 0.2% 时对应的应力为屈服强度,称为条件屈服强度,记为 $\sigma_{0.2}$。

3.2.1.3　加工硬化

随塑性变形的进行,新的位错不断产生,位错密度增加,互相缠结形成位错网络(图 3.31)。同时,晶粒拉长,晶格变形,形成亚结构。这些都阻碍位错的运动,使材料的强度增加、塑性降低。这种现象称为加工硬化,又称形变强化。

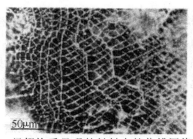

图 3.31　经缀饰后显现的材料中的位错网络

一般多晶体金属在拉伸应力～应变曲线上均匀塑性变形阶段,应力与应变之间符合Hollomon关系式:

$$S = Ke^n \qquad\qquad 3\text{-}25$$

式中,S 为真应力,e 为真应变,K 为常数,n 为形变强化指数。

形变强化指数越大,材料的加工硬化越显著。表3.9列出了一些金属材料的形变强化指数。

$$S = P/F = F_0(1 - \Psi) \qquad\qquad 3\text{-}26$$

$$e = \int \mathrm{d}e = \int_0^1 \frac{\mathrm{d}l}{l} = \ln \frac{l}{l_0} = \ln(1 + \varepsilon) \qquad\qquad 3\text{-}27$$

表 3.9　一些金属材料的形变强化指数

材料	Al	BCC-Fe	Cu	18-8 不锈钢
n	～0.15	～0.20	～0.30	～0.45

拉伸应力～应变曲线上的最大应力值 σ_b 称为抗拉强度或强度极限(UTS),是试样断裂前承受的最大应力。σ_s、σ_b 都是常用的强度指标。由于塑性变形主要是位错运动的结果,因此,凡是阻碍位错运动的因素都提高材料的强度。表3.10列出了一些金属材料的 σ_s,σ_b 值。

表 3.10　一些金属材料的强度

	Al	Cu	Cu-30Zn	Fe	Ni	20 钢	Ti	Mo
σ_s/MPa	35	69	75	130	138	180	450	565
σ_b/MPa	90	200	300	262	480	380	520	655

3.2.1.4　断裂

断裂是材料在应力作用下裂纹形成和扩展的过程。塑性材料在断裂前产生明显宏观塑性变形,有颈缩现象,能吸收大量能量;脆性材料在断裂前无明显宏观塑性变形,断裂前几乎不吸收能量。材料断裂时对应的应力称为断裂强度 σ_K。

材料的塑性可以用延伸率 δ_K 和断面收缩率 Ψ_K 表征。

$$\delta_K = \frac{l_K - l_0}{l_0} \qquad\qquad 3\text{-}28$$

$$\Psi_K = \frac{F_0 - F_K}{F_0} \qquad\qquad 3\text{-}29$$

式中,l_0、l_K 分别为试样拉断前后标距长度,F_0、F_K 分别试样拉断前后标距部分截面积。一般规定延伸率小于5%为脆性材料,大于5%为塑性材料。

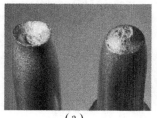

（a）　　　　　　　　　　　（b）

图 3.32　静拉伸圆柱试样断口宏观形貌:a)塑性材料;b)脆性材料

静拉伸圆柱试样断口的宏观形貌如图 3.32 所示。塑性材料的断口呈杯锥状,其形成过程示意于图 3.33:材料在应力作用下发生明显的颈缩,导致三向应力(a),微孔开始形成(b)。随应力的增大,微孔长大(c),并进一步连接成锯齿状(d),导致材料承受应力的实际面积大幅减少,最终,边缘发生剪切断裂(e)。将图 3.32(a)的试样的中心部分放大,可以发现很多连接起来的微孔,称为韧窝,如图 3.34(a)所示。韧窝是塑性断口的典型微观特征。脆性材料的拉伸断口平直(图 3.32(b)),图 3.34(b)为它的一种典型微观特征,是材料在应力作用下沿着晶界发生快速断裂形成的。

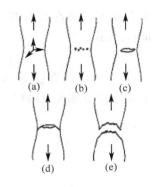

图 3.33　杯锥状断口形成过程示意图

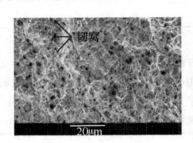 

图 3.34　塑性断口(a)和脆性断口(b)的典型微观形貌

3.2.1.5　多晶材料塑性变形

大多数材料是多晶的。多晶材料在大于屈服应力的载荷作用下,不同取向晶粒变形协调进行:软取向晶粒较早达到临界分切应力,首先变形;硬取向晶粒变形启动较晚。较早变形的晶粒受周围较晚变形晶粒的约束。晶界是位错运动的壁垒。因此,材料的晶粒尺寸越小,单位体积的晶界面积越大,强度越高。

室温下多晶材料塑性变形时晶粒沿外力作用方向被拉长,晶粒内部产生亚晶粒。形变量大时形成细条状,形成冷变形纤维组织。如图 3.35 所示,冷变形后,材料的晶粒从等轴状(a)变为细条状(b)。冷变形纤维组织使材料性能产生各向异性。此外,晶粒的滑移方向沿主形变方向转动,逐步使原来随机取向的晶粒在空间取向上呈现一定规律性,形成所谓的形变织构。

冷变形纤维组织可以通过再结晶过程消除。再结晶过程通过两个阶段完成:

(a)等轴状　　　　　　　　　(b)细条状

图 3.35　塑性材料冷变形前后的晶粒形貌

（1）回复——当温度为$(0.25\sim0.30)T_m$时，冷变形纤维组织内位错减少，内应力消失，但保持加工硬化效果；

（2）再结晶——当温度为$0.40T_m$（再结晶温度）时，形成等轴晶粒，强度降低、塑性提高，加工硬化现象消除。

图 3.36 为纯铜经变形量为 33% 的冷变形后(a)，分别经 580 ℃×3 s(b)，580 ℃×4 s(c)，580 ℃×8 s(d)，580 ℃×15 min(e)和 700 ℃×10 min(f)处理后的显微形貌。可以清楚地看到，再结晶后冷变形纤维组织在 580 ℃保温 3 s 后就开始回复，4 s 后开始部分再结晶，8 s 后再结晶过程完成，冷变形纤维组织完全转化成细小的等轴状晶粒。580 ℃保温 15 min 后晶粒明显长大，700 ℃保温 10 min 后获得更为粗大的等轴晶粒。

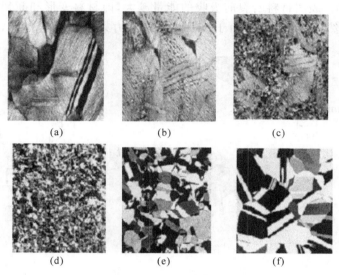

图 3.36　冷变形纯铜再结晶过程显微组织变化

3.2.2　韧　性

材料的韧性是强度和塑性的综合体现，表征材料断裂前吸收能量的能力，可用拉伸应力～应变曲线与 x 轴包围的面积来表示。如图 3.37 所示，很显然，强度水平相当时，材料塑性越差，韧性也越差。

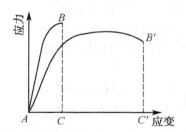

图 3.37　韧性不同的材料的拉伸应力～应变曲线

3.2.3 冲击韧性

冲击韧性表征材料抵抗冲击载荷的能力,用冲击试验确定。如图 3.38,采用的标准试样有两种:梅氏试样(开 U 型缺口)和夏氏试样(开 V 型缺口)。试样固定于底座上,在摆锤的冲击下断裂。试样断裂时吸收的功可以通过摆锤的势能损失确定,数值大小用式 3-30 计算,单位:J/m²

$$\alpha_{KU}(\alpha_{KV}) = \frac{mg(h-h')}{A} \qquad 3\text{-}30$$

$\alpha_{KU}(\alpha_{KV})$ 值越大,表明材料断裂前吸收的能量越大,即材料变形和断裂消耗的功越多,材料韧性越好。很显然,相同的材料,由于 V 型缺口的应力集中更厉害,因此,$\alpha_{KV} < \alpha_{KU}$。

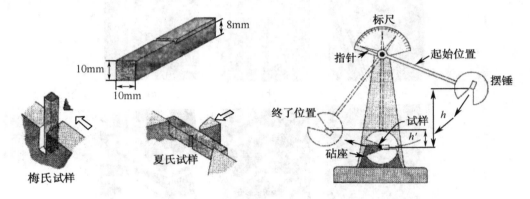

图 3.38 冲击试验

3.2.4 韧脆转变温度

当温度低于一临界值 T_K 时,一些材料的断裂由韧性变为脆性,冲击值下降。这种现象称为材料的低温脆性。T_K 为材料的韧脆转变温度。

T_K 可用系列冲击试验确定。如图 3.39 所示,随温度降低,材料的冲击功下降,断口特征由塑性变为脆性。韧脆转变温度的确定方法很多,可以是脆性断口面积占 50%,或冲击功下降 50% 时对应的温度。

低温下服役的机件或构件,选用的材料应该具有一定的温度储备 δ,$\delta = T_0 - T_K$,T_0 为使用温度。一般 δ 取 20~60 ℃。

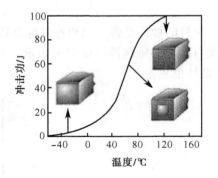

图 3.39 材料的韧脆转变

3.2.5 断裂韧性

一些材料在工作应力低于屈服强度的条件下也会发生脆性断裂（低应力脆断）。发生低应力脆断的原因很多，可能是应力集中、交变载荷作用（疲劳）、低温（韧脆转变）、腐蚀、材料内部存在宏观裂纹等等。

在断裂力学基础上建立起来的材料抵抗裂纹扩展的韧性性能称为断裂韧性。如图 3.40所示，裂纹尖端应力型式不同，扩展的方式各异。断裂力学理论分析结果表明，I 型裂纹尖端区域各点的应力除了与位置有关外，还和因子 K 有关。K_I 称为 I 型裂纹应力场强度因子：

$$K_I = Y\sigma\sqrt{a} \qquad\qquad 3\text{-}31$$

式中，Y 为裂纹形状系数，$Y = 1 \sim 2$，σ 为外加应力，a 为裂纹尺寸。

当 K_I 大于一临界值 K_{IC} 时，裂纹发生失稳扩展；否则，即使材料内部存在裂纹，裂纹也不会失稳扩展，材料不会断裂。K_{IC} 由式 3-32 确定，称为断裂韧性。

$$K_{IC} = Y\sigma_c\sqrt{a_c} \qquad\qquad 3\text{-}32$$

式中，σ_c 为含裂纹体的断裂应力，a_c 为临界裂纹尺寸。

K_{IC} 大的材料不容易断裂。因此，断裂韧性 K_{IC} 表征材料抵抗断裂的能力。

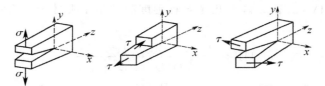

(a)张开型（I型）裂纹 (b)滑开型（II型）裂纹 (c)撕开型（III型）裂纹

图 3.40　裂纹扩展形式

3.2.6 疲劳断裂

材料在周期性交变载荷作用下，产生的低应力（一般最大应力小于屈服强度）断裂称为材料的疲劳。如图 3.41 中的疲劳曲线，载荷越大，材料发生疲劳断裂前经受的交变载荷循环次数 N 越小。当交变载荷的应力最大值小于一临界值时，材料可以承受无限次应力循环而不断裂，此临界值称为疲劳极限。工程上规定，钢铁材料循环 10^7 次，非铁合金循环 10^8 次而不断裂的最大应力为疲劳极限，用 σ_r 表示。r 为应力循环对称系数，$r = \sigma_{min}/\sigma_{max}$。对于如图 3.42所示的对称循环交变载荷，$\sigma_{min} = -\sigma_{max}$，$r = -1$。此时，疲劳极限用 σ_{-1} 表示。

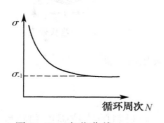

图 3.41　疲劳曲线

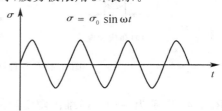

图 3.42　对称循环交变载荷

　　疲劳断裂是个损伤累积的过程。疲劳断口宏观形貌显示,疲劳裂纹首先在表面形核,而后慢慢扩展形成一光亮区,最后因承受载荷面积减少而快速扩展(图3.43(a))。图3.43(b)的微观形貌(疲劳辉纹),显示了疲劳断口光亮区裂纹缓慢扩展过程。

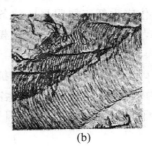

(a)　　　　　　　　　　　　　(b)

图3.43　疲劳断口典型形貌:a)断口宏观形貌,b)断口微观形貌

3.2.7　硬度

　　硬度是衡量材料软硬程度的性能指标,分压入法和刻划法两类。压入法硬度表征材料弹性、微量塑性变形抗力及形变强化能力等,常用的有布氏硬度(HB)、洛氏硬度(HRA,HRB,HRC)和维氏硬度(HV)。图3.44示出了各种硬度测试用压头材料及几何形状,它们的数值由下式确定:

$$HB = \frac{P}{F} = \frac{0.204P}{\pi D(D - \sqrt{D^2 - d^2})}$$

$$HV = 0.1891 \frac{P}{d^2}$$

3-33

$$HR = \frac{k - e}{0.002}$$

式中,P为载荷,F为压痕面积,e为压痕深度残余量,k为常数,数值为0.2 mm。材料硬度表示方法如35 HRC,350 HV等。

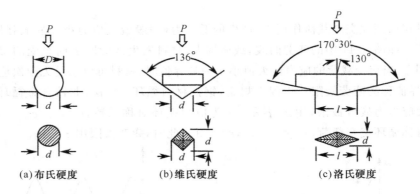

(a)布氏硬度　　　　　(b)维氏硬度　　　　　(c)洛氏硬度

图3.44　各种硬度测试用压头及压痕形状

　　图3.45所示为一种显微维氏硬度测试系统。

　　知道材料的硬度就可以大致预测其他一些力学性能。如材料的抗拉强度和硬度之间基本符

图 3.45　显微维氏硬度测试系统

合关系:$\sigma_b \approx 3.45$ HB(见图 3.46)。硬度测试制样简单、设备便宜,基本上是非破坏性的,因此,应用非常广泛。

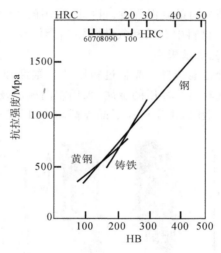

图 3.46　材料的抗拉强度和硬度之间的关系

3.2.8　高温力学性能

长期在高温条件下工作的金属材料,如高压蒸汽锅炉、汽轮机涡轮机叶片、发动机汽缸壁活塞等,其强度与温度、载荷持续时间密切相关。

材料在长时间的一定温度、应力作用下缓慢发生塑性变形的现象,称为蠕变,即使应力小于屈服应力也会发生。产生蠕变的原因有:

(a)位错滑移——位错借助热激活和空位扩散过程克服障碍,即使分切应力不满足式 3-24,位错也能运动产生滑移,使塑性变形不断产生。

(b)晶界滑动——晶界的原子在高温下容易扩散,受力后产生滑动。晶界滑动一般占总蠕变量的 10% 左右。

(c)空位扩散——高温条件下空位移动,使晶体产生塑性变形。

金属材料的高温力学性能可以用图 3.47 所示的实验装置测试,主要指标有:

(1)蠕变极限

有两种定义,

(a)给定温度 $T(℃)$ 下,使试样产生规定蠕变速率 $\dot{\varepsilon}$ 的应力值 $\sigma_{\dot{\varepsilon}}^T$;

(b)给定温度 $T(℃)$ 下,在规定时间 $t(h)$ 内,使试样产生一定蠕变伸长率 $\delta(\%)$ 的应力值 $\sigma_{\delta/t}^T$。

(2)持久强度

给定温度 $T(℃)$ 下,恰好使材料经过规定时间 $t(h)$ 发生断裂的应力值 σ_t^T。

(3)高温硬度

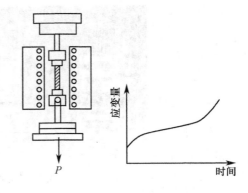

图 3.47 材料蠕变测试装置及测试曲线

材料化学成分是决定高温力学性能的主要因素。用于高温工作条件下的工件,一般选用高熔点材料。添加阻碍晶界滑动的元素、加入弥散硬颗粒相等方法都可以提高材料的高温强度。因此,常用的 Ni 基高温合金中就有许多弥散分布的硬陶瓷相如 Al_2O_3 等。材料中杂质和气孔等缺陷会使高温力学性能下降,必须严格限制。因此,高温合金的冶炼工艺要求极高。

高温合金的晶粒度必须合适地选择。晶粒过粗则持久塑性和冲击韧性低;过细则易发生晶界蠕变。如图 3.48 所示,汽轮机叶片用的金属,采用定向凝固技术制备,其高温力学性能比常规铸造好。采用单晶材料制造时,由于避免了晶界蠕动,可以进一步提高其高温力学性能。

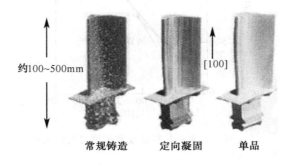

约100~500mm

[100]

常规铸造   定向凝固   单品

3.48 汽轮机叶片用的金属材料的制备方法

3.2.9 材料磨损性能

断裂、腐蚀和磨损是材料的三大失效形式。磨损是材料表面相互接触时,在载荷作用下材料表面逐渐损失的过程。正常运行机件的磨损一般经历三个过程:跑合(磨合)阶段、稳定磨损阶段和剧烈磨损阶段,如图 3.49 所示。跑合阶段,由于摩擦作用,表面被磨平,实际接触面积增大。同时,表面产生加工硬化,形成氧化膜,摩擦系数减小,磨损速率逐渐减小,进入稳定磨损阶段。这个阶段机件磨损速率稳定。跑合越好,磨损速率越小。到后期,机件表面质量下降,磨损加剧,进入剧烈磨损阶段,机件很快失效。

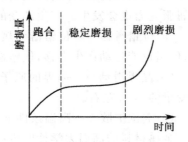

图 3.49 正常运行机件磨损的三个阶段

　　磨损的主要形式有粘着磨损、磨粒磨损、腐蚀磨损（氧化磨损、微动磨损）和表面疲劳磨损等。其中，以粘着磨损和磨粒磨损最为常见。

　　粘着磨损又称咬合磨损，在滑动摩擦条件下，当摩擦副相对滑动速率较小时发生。粘着磨损基本过程如图 3.50 所示，是一个粘着—剪断—转移—再粘着的循环过程。不管材料的表面多光滑，实际都是微观粗糙的，表面有许多微凸体。两个接触的表面在压应力作用下，微凸体焊合。在随后的相对滑开过程中，在强度较低的材料一侧断裂并转移到强度较高的材料。一些接触面的材料脱落造成表面材料的损失。

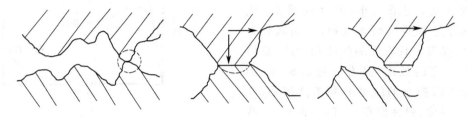

图 3.50　粘着磨损的基本过程示意图

　　粘着磨损的主要影响因素有：

　　（1）材料特性

　　塑性材料比脆性材料易发生粘着；相同的金属配合时易发生粘着，而金属与非金属配合不易发生粘着磨损。

　　（2）滑动速率

　　磨损量随滑动速率增大而增大。但是，滑动速率达到一定值后，由于塑性变形来不及充分进行，磨损量随滑动速率增大而减小。

　　（3）载荷

　　载荷增大，磨损量增大。

　　当摩擦副一方表面存在坚硬微凸体（两体磨粒磨损）或摩擦副接触面上存在硬颗粒（三体磨粒磨损）时，产生磨粒磨损。磨粒磨损是磨粒对摩擦面产生的切削、塑性变形和疲劳破坏或脆性断裂的综合作用。材料的硬度 H 和弹性模量 E 之比（H/E）越大，抗磨粒磨损性能越好。此外，磨粒硬度、形状也影响材料的抗磨粒磨损性能。硬度高、形状尖锐的磨粒造成的磨损量大。

　　磨粒磨损的微观机制可以由单颗粒磨粒实验模拟获得。如图 3.51 所示，是不同大小载荷作用下，单颗粒磨粒对一种铝合金（Al-10 wt％ Ti 合金）表面的磨粒磨损作用。载荷较小时，只有一些材料在磨粒磨过的地方（犁沟）两侧形成堆积，不造成材料损失；随载荷增大，在犁沟两侧形成堆积的同时，在磨粒前端也形成材料堆积；载荷进一步增大，磨粒切削铝合金表面，造成材料损失。

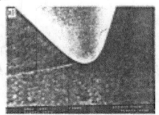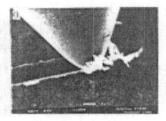

图 3.51　不同大小载荷作用下磨粒对材料的磨损作用

3.2.10　高分子材料力学性能

与金属材料类似,高分子材料的力学性能也可以用拉伸应力应变曲线确定。结构不同,高分子材料有三种典型的应力-应变行为:脆性、塑性和高弹性,如图 3.52 所示。处于玻璃态的线型非晶态高聚物、完全晶态的线型高聚物,或交联点密度高的体型非晶态高聚物,性能硬而脆,变形量小,弹性模量高(脆性);部分晶态的线型高聚物,非晶区具有柔韧性,晶态区具有高的强度和硬度,总体上既有一定的强度,又有一定的塑性(塑性);处于高弹态的线型非晶态高聚物,变形量大,强度、弹性模量低(高弹性)。一些非晶态线型高聚物,如有机玻璃 PMMA,

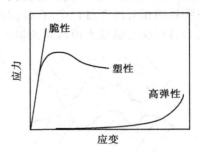

图 3.52　高分子材料的三种典型应力～应变曲线

随温度升高,应力～应变行为也经历脆性、塑性和高弹性的变化历程。

大多数高聚物的应力～应变行为包括如下阶段,如图 3.53 所示。

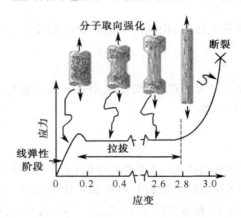

图 3.53　大多数高分子材料应力～应变曲线的几个阶段

(1)线弹性阶段

符合虎克定律,但弹性比金属大,弹性模量比金属小。

(2)屈服阶段

伴随一个应力下降过程,并出现颈缩。屈服强度比金属小得多,屈服对应的应变较大,可达 20% 以上。

(3)颈缩形成及其扩展阶段

高聚物以细颈扩展的方式进行。在拉应力作用下,分子链趋于沿受力方向被拉伸并定向排列,从而使拉伸应力增加,称为取向强化。结晶度越低,取向强化越明显。取向强化的结果避免了细颈变细或被拉断,而保持一定阶段的均匀拉长。

(4)应力随应变增大而增大,最终断裂

与金属类似,高分子材料的力学性能主要取决于材料的成分和组织结构。分子量越大,结晶度越高,强度越高。同时,还受温度、应变速率、环境(有机溶液、水等)等外在因素影响。温度升高,抗拉强度下降、弹性模量下降、塑性增大。降低应变速率与升高温度的作用相同。

3.3　金属材料强化技术

材料的塑性变形是位错运动的结果,因此,凡是阻碍位错运动的因素都可以有效地提高材料的强度,达到材料强化的目的。下面简要介绍金属材料的一些主要强化方法。

3.3.1　形变强化

金属材料在冷变形过程中,位错不断增殖并相互缠结,形成林位错。这些林位错的存在,阻碍了位错的运动,因而使金属材料的强度、硬度提高,塑性下降。常用的形变强化方法有冷拉、冷挤、冷轧、冷压、冷镦、喷丸处理等,主要应用于单相固溶体为主的合金,因为这类合金不能通过热处理方法强化,而且有较好的塑性变形能力。

3.3.2　细晶强化

晶界是一种面位错,因此,也是位错运动的阻碍因素。晶粒尺寸越小,单位体积的晶界总面积增加,对位错的阻碍运动越明显,因此,材料的强度越高。一般而言,材料的强度 σ 与晶粒尺寸 D 之间符合如下的 Hall-Petch(霍尔-佩奇)公式:

$$\sigma = \sigma_0 + k_y D^{-1/2}$$

3-34

但是,对晶粒尺寸细小到纳米尺度的纳米结构材料,会出现反霍尔-佩奇效应,即随晶粒尺寸减小,纳米材料的强度减小。对纳米铜的模拟计算结果表明,这是由于当晶粒小于一定值(15 nm)时,塑性变形主要以晶界滑动机制进行,此时,晶界成为一个薄弱环节。只有当晶粒尺寸大于一定值时,变形才以位错运动机制进行。

减小材料晶粒尺寸的主要方法有:

(1)提高过冷度

提高液态金属的冷却速度可以抑制晶粒长大,同时提高形核率,因此,结晶后可以获得细晶粒组织。例如,采用快速凝固技术可以有效地提高金属材料的强度。

(2)变质处理

向熔融金属中添加变质剂(孕育剂),作为异质晶核促进非均匀形核,提高形核率,或者降低固相界面能,或者附着在结晶前沿阻碍晶粒长大,从而获得细晶粒。

(3)振动

外加机械、超声波或电磁振动时,从液相中结晶出的树枝晶破碎而增加新的晶核,提高形核率。

(4)相变强化过程中利用硬质点提高形核率,阻碍晶粒长大

细化晶粒还能同时提高材料的塑性。这是因为晶粒细小时,同一位向的晶粒数量增多,在外力作用下同时发生变形的晶粒增多,使应力分散,变形均匀度提高。同时,由于晶界的能量较高,材料中的许多杂质元素会向晶界偏聚以降低体系能量。晶粒越细,杂质越分散,这也可

以有效提高材料的韧性。一般而言,材料强度提高的同时都伴随塑性的降低,细晶强化是惟一一种既提高材料强度又提高材料塑性的方法。例如,一般金属的延伸率不超过 100%,晶粒为 28 nm 的纳米铜的延伸率可高达 5100%(图 3.54)。

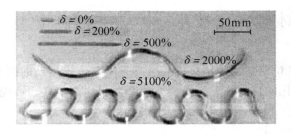

图 3.54　纳米铜的高延伸率——L. Lu, et al. Science, 287 (2000) 1357

3.3.3　固溶强化

溶质原子溶入溶剂金属的晶格,引起晶体点阵畸变,形成弹性应力场。这个应力场与位错周围的弹性应力场产生交互作用,阻碍位错运动。固溶度越大,强化效果越好。如图 3.55 所示,是 Cu-Ni 合金的拉伸强度、延伸率与成分之间的关系,可见,随 Ni 在 Cu 或 Cu 在 Ni 中固溶度的增大,合金的强度增大,塑性下降。

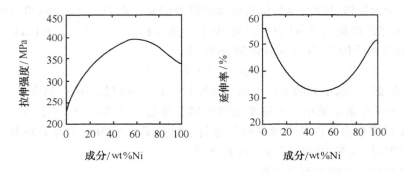

图 3.55　Cu-Ni 合金的拉伸强度(a)、延伸率(b)与成分之间的关系

对置换固溶体,溶质原子与溶剂原子之间半径差越大,强化效果越好;对间隙固溶体,溶质原子越大,强化效果越好。由于间隙固溶体使基体晶格产生畸变更大,因此,强化效果比置换固溶体好。

3.3.4　第二相强化(弥散强化)

材料中弥散分布的第二相颗粒可以阻碍位错运动,提高材料强度。位错运动遇到第二相颗粒时,可以切过(颗粒较软),也可以绕过(颗粒较硬)。一般而言,第二相颗粒尺寸越小,体积分数越大,分散越弥散,强化效果越好。

时效处理可以获得弥散分布的第二相颗粒,从而使材料得以强化。如图 3.56 所示,时效处理包括固溶和时效两个步骤。所谓固溶处理,是将材料加热到一定温度,获得单相固溶体组织,而后快速冷却(淬火,一般采用水冷),获得室温下的过饱和固溶体。过饱和固溶体在热力学上是不稳定的,在一定温度下,过了一定时间,会析出弥散分布的第二相,使材料强度提高。这种随时间延长材料强度提高的现象称为时效。在室温下进行的时效称自然时效;高于室温下进行的时效称人工时效。

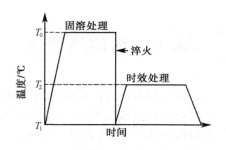

图 3.56　固溶时效处理

可以进行时效强化处理的合金必须具备两个条件:

a.一定的固溶度;

b.固溶度随温度的降低迅速下降(见图 3.57 中的 MN 固溶线)。

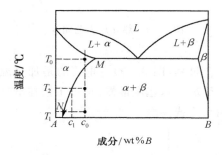

图 3.57　可以时效强化合金的相图特征

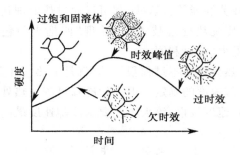

图 3.58　硬度、组织随时效时间的变化

图 3.57 中,成分为 c_0 的合金加热到 T_0 温度时获得单一的固溶体相,在随后的淬火过程中(图3.56),多余的 B 原子来不及扩散析出而依然保留在溶剂晶格中形成过饱和固溶体。T_2 温度下,合金的平衡成分应该为 c_1,因此,有一部分 B 原子会随时间的延长而不断析出,使材料获得弥散强化(图 3.56)。时效过程中硬度变化见图 3.58,当析出的第二相弥散且和基体保持一定的共格关系时,合金的硬度值最高,达到时效峰值。此前终止的时效称为欠时效,硬度没有达到最高值。过了时效峰值继续时效,第二相颗粒长大,且和基体脱离共格关系,称为过时效。一般应选择适当的温度和时间,达到时效峰值,以获得最佳的时效效果。

3.3.5　相变强化

不同晶体结构、不同组织,有不同的性能,因此,通过热处理方法使金属发生相变(从一种相组成变为另一种相组成),获得一些高强度相,是提高材料强度的有效方法。钢铁材料中,相变强化是一种最主要的强化方法,具体内容见§3.4 钢的热处理部分。

3.4 钢的热处理

钢铁材料获得广泛运用的原因之一是可以通过热处理技术改变性能，以获得要求的工艺性能和服役性能。例如，为便于切削加工，对硬度过高的钢材需要降低其硬度；为获得较光滑的切削表面，对硬度过低的钢材需要提高其硬度；对服役中的工件，往往需要其具备一定的强度、硬度、耐磨性、疲劳性能等。这些，都可以通过热处理达到目的。传统热处理技术（热处理"四把火"）包括正火、退火、淬火和回火。

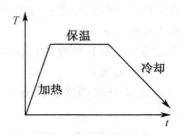

图 3.59 热处理工艺曲线

热处理基本过程很简单，就是加热—保温—冷却三个过程（图 3.59）。重要的是加热温度和冷却速度的确定。退火的冷却过程在热处理炉中进行（炉冷），速度最慢；正火工艺在空气中冷却，速度较慢；淬火工艺要求冷却速度最高，一般采用水冷或油冷。

3.4.1 热处理理论基础

3.4.1.1 相变临界温度

热处理加热温度的确定依据是铁-碳平衡相图。钢加热和冷却时的实际相变温度偏离相图上的平衡转变温度。如图 3.60 所示，不同成分碳素钢的平衡相变临界温度由 PSK，GS，SE 线确定，分别记为 A_1，A_3 和 A_{cm}；加热时的相变临界温度略高于平衡温度，分别记为 A_{c1}，A_{c3} A_{ccm}；冷却时的相变临界温度略低于平衡温度，分别记为：A_{r1}，A_{r3} 和 A_{rcm}。

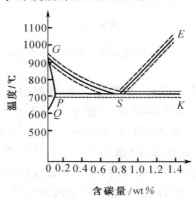

图 3.60 碳钢热处理临界温度线

3.4.1.2 加热组织转变——奥氏体化

一般，热处理的第一步是加热，使钢发生奥氏体转变，即获得奥氏体组织。下面以共析钢为例，介绍奥氏体化的一般过程，如图 3.61 所示：

奥氏体形核　　　　奥氏体晶粒长大　　　　未溶渗碳体溶解　　　　奥氏体成分均匀化

图 3.61 珠光体的奥氏体化过程

（1）奥氏体形核

珠光体加热到 A_{c1} 温度以上时，在铁素体与渗碳体界面上产生奥氏体晶核。由于界面上的能量高，因此，这里的铁素体晶格容易通过原子重排转变成奥氏体晶格，随后，临近的渗碳体溶入此晶格中，使其含碳量达到共析奥氏体所需的含碳量（0.77 wt%），最终在界面优先形成奥氏体晶核。

（2）奥氏体晶粒长大

铁素体晶格不断转变为奥氏体晶格，同时，渗碳体连续溶入奥氏体中。通过 Fe,C 原子的扩散，奥氏体晶核不断长大，直至所有铁素体晶格转变完毕，奥氏体晶粒相互接触。

（3）未溶渗碳体的溶解

由于渗碳体晶格与奥氏体晶格、含碳量差异更大，渗碳体的转变速度低于铁素体，因此，铁素体转变完毕后，还有部分渗碳体未溶解而继续溶解过程。

（4）奥氏体均匀化

未溶渗碳体溶解完毕后，奥氏体晶粒中还存在碳的浓度差。原来是渗碳体的位置，碳浓度较高；原来是铁素体的位置，碳浓度较低。因此，碳原子继续在奥氏体中扩散，直至完全均匀化。

3.4.1.3 晶粒度

奥氏体化后的晶粒尺寸直接影响其转变后的组织的性能，因此，热处理时奥氏体晶粒尺寸的控制非常重要。晶粒尺寸可以用晶粒度 N 表征，定义如下：

$$n = 2^{N-1} \qquad \text{3-35}$$

式中，n 为放大 100 倍时平均每 6.45 cm^2（1 平方英寸）视野内的晶粒数。因此，N 值越大，晶粒越细小。1～4 级为细晶粒度，5～8 级为粗晶粒度。

钢加热至 930±10 ℃，保温 3～8 h，冷却后测得的晶粒度，反映了钢加热时晶粒长大的倾向，称为本质晶粒度。1～4 级为本质粗晶粒，5～8 级为本质细晶粒。

晶粒度与钢的加热温度、保温时间、加热速度，以及钢中的合金元素密切相关。

3.4.1.4 过冷奥氏体转变

钢奥氏体化后，冷却到 A_{r1} 温度以下时，奥氏体不稳定，将发生组织转变。但是，发生组织转变前，奥氏体会稳定存在一段时间，从到达特定温度到开始转变所需的时间称为孕育期，转变前的奥氏体称过冷奥氏体。转变温度不同，孕育期长短不同，过冷奥氏体的转变产物也各异。

图 3.62 上半部分示意出了共析成分（Fe-0.77 wt% C）钢在 675 ℃温度下，过冷奥氏体转变量与时间之间的关系。将类似的不同温度下过冷奥氏体转变量～时间关系图中转变开始点和终止点标注在一张温度—时间坐标图上，将相同的转变点连成曲线，即得形状象字母 C 的曲线，称 C 曲线，又称 TTT（Temperature, Time, Transformation）图，即反应温度—时间—转变量之间关系的等温转变曲线图，见图 3.62 下半部分。图 3.63 为共析钢的等温转变曲线图。由图可见，存在一个最短孕育期，其对应的温度称为"鼻尖"温度。存在"鼻尖"的原因是固态相变的驱动力随过冷度增大而增大，但温度降低，原子扩散速率也下降，阻碍相变的进行。

钢的过冷奥氏体等温转变产物有珠光体（P），屈氏体（T），索氏体（S），上贝氏体（上 B）和下贝氏体（下 B）。A_{r1}～550 ℃之间的过冷奥氏体转变产物为 F 和 Fe_3C 的层片状组织。转变温度越低,层片间距越小,相对的硬度越高,强度越好(表 3.11)。这些转变都是扩散型相变,通过晶体结构重构和 Fe,C 原子扩散实现。

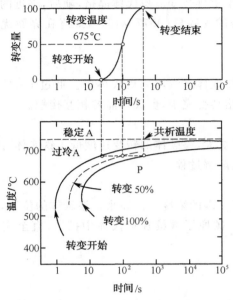

图 3.62   C 曲线及其构建方法

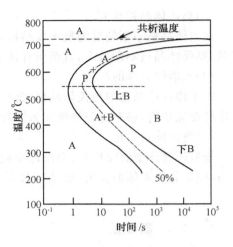

图 3.63   共析钢的等温转变曲线图

表 3.11   珠光体、屈氏体、索氏体比较

	珠光体(P)	索氏体(S)	屈氏体(T)
转变温度(℃)	$A_1 \sim 650$	$650 \sim 600$	$600 \sim 550$
层片间距(μm)	>0.4	0.4~0.2	<0.2
相对硬度比较	低	中	高

当过冷奥氏体转变温度为 550 ℃～M_s 之间(M_s 含义见马氏体转变部分)时,转变产物尽管也是 F 和 Fe_3C 的混合组织,但形态不同,称为贝氏体。转变温度较高时,获得上贝氏体组织,呈羽毛状,硬脆的渗碳体呈细短条状分布在铁素体晶束的晶界上,容易发生脆性断裂,强度、韧性低,无实用价值;转变温度较低时,获得下贝氏体组织,呈黑色针状,渗碳体细小弥散分布在铁素体基体上,有良好的强度韧性配合,力学性能优良。图 3.64 为贝氏体的显微组织及

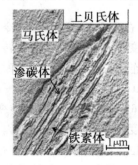

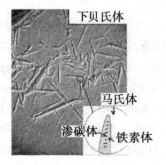

图 3.64   贝氏体的显微组织及其示意图

其示意图。贝氏体相变由于相变温度低,只有 C 原子扩散,Fe 原子基本不扩散,是半扩散型相变。

当钢奥氏体化后以较快的速度冷却,避开"鼻尖"温度,即可以避免获得上述过冷奥氏体各种等温转变产物,此时,获得马氏体(M)组织。马氏体是 C 原子在 $BCC\text{-}Fe$ 中的过饱和固溶体。由于转变温度低,Fe,C 原子都不能进行扩散,过冷奥氏体发生晶格切变,直接转变为体心立方结构,C 原子全部固溶于体心立方晶格中。由于 C 原子过饱和,$BCC\text{-}Fe$ 晶格发生严重畸变,使体心立方晶格的 c 轴略微伸长,a 轴略微缩短,c/a 称为马氏体的正方度,它和马氏体的碳质量百分数 w_C 符合式 3-36:

$$c/a = 1 + 0.046w_C \tag{3-36}$$

根据碳含量不同,马氏体分为低碳马氏体、高碳马氏体和混合马氏体。含碳量小于 0.25 wt% 时,马氏体呈板条状,板条内有大量位错,称低碳马氏体,又称位错马氏体、板条马氏体,硬度高,有一定韧性;含碳量大于 1.0 wt% 时,马氏体呈片状,内有大量孪晶亚结构,称高碳马氏体,又称孪晶马氏体、针状马氏体,硬度高、脆性大;碳含量介于两者之间的马氏体为混合型马氏体。图 3.65 为低碳马氏体和高碳马氏体的显微形貌。

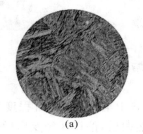
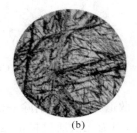

(a)   (b)

图 3.65 低碳马氏体(a)和高碳马氏体(b)的显微形貌

马氏体相变有以下特点:

a.非扩散型相变,转变速度快:由于马氏体相变在很大的过冷度下进行,相变驱动力大,而且原子只需作不超过一个原子间距的短程迁移,长大激活能小,因而长大速度很快,在形核后 $10^{-7} \sim 10^{-4}$ s 内即长到极限尺寸。

b.由于(1)所述的特点,马氏体转变主要取决于形核,因此,转变量是温度的函数,可以认为与时间无关。马氏体开始转变温度用 M_s 表示;转变结束温度用 M_f 表示。M_s 点主要取决于钢的化学成分,随含碳量增高而降低。

c.相变不彻底,存在残余奥氏体。由于转变量随温度降低而增大,M_s 越低,残余奥氏体量越多。

d.体积膨胀,产生很大的内应力。

3.4.2 退火

将材料加热到一定温度,保温一定时间,而后缓慢冷却的热处理工艺,称为退火。退火处理后获得接近平衡态组织,硬度降低,塑性提高,内应力消除。因此,退火主要用在三个方面:1)获得良好的工艺性能:改善锻件、轧材的切削加工性,提高塑性,降低硬度;2)获得良好的使用性能:改善化学成分偏析和组织不均匀性,减少固溶于钢中的有害气体,消除零件的内应力和加工硬化效应;3)获得特定组织:为进一步淬火作组织准备。

退火处理的要点是:1)加热到特定温度,取决于退火目的;2)保温时间足够长,以完成特定的组织转变;3)冷却速率足够慢,以防止产生内应力。因此,退火一般工艺周期比较长。

退火按不同要求可分为:

(1)扩散退火(均匀化退火)

消除钢件铸态化学成分和组织不均匀。由于成分均匀化必须通过原子扩散进行,为了加速扩散,缩短扩散退火时间,一般选择在合金熔点以下 100～200 ℃的高温长时间保温。扩散退火后晶粒粗大,须后续进行完全退火或正火以细化晶粒,改善力学性能。图 3.66 显示了一种黄铜(Cu-20 wt% Zn 合金)均匀化退火后的显微组织变化。

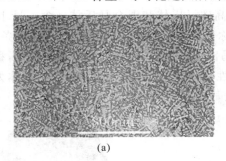 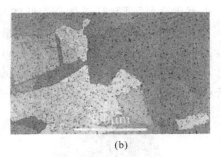

(a)   (b)

图 3.66　Cu-20 wt% Zn 合金均匀化退火前(a)后(b)的显微组织

扩散退火适用于消除一般铸锭、铸件树枝晶,不适用于 S,P 含量高,偏析程度大,夹杂多的钢材,因为无法通过扩散退火有效消除。钢坯经过热轧、热锻后,偏析区经变形后伸长,原子扩散距离缩短,可以缩短扩散退火时间。

(2)去氢退火

使固溶于钢中的氢脱出,以消除钢中的白点(固溶于钢中的氢引起的内部裂纹)。为了使固溶于钢中的氢脱溶,应当选择氢在铁中的固溶度最小的组织状态,同时使氢在铁中的扩散速率尽可能高。因此,去氢退火一般在奥氏体等温分解的过程中长期保温来完成。

(3)再结晶退火

使冷变形后金属发生再结晶,以消除加工硬化。加热至再结晶温度以上 100～200 ℃适当保温。碳钢的再结晶退火工艺为 600～700 ℃保温 1～3 h。再结晶过程通过回复和再结晶两个阶段完成。一定温度范围内会发生再结晶晶粒的异常长大,严重恶化材料的性能,因此,再结晶退火必须注意避开这个温度区域。

(4)去应力退火

将金属加热到 550～650 ℃保温,缓慢冷却,以去除应力的退火工艺。适用于由于塑性变形加工、锻造、焊接等造成内应力的金属,或存在内应力的铸件。温度越高,完全消除应力所需的时间越短。应特别注意不在冷却过程中重新产生内应力。

(5)完全退火

将钢完全奥氏体化,而后缓慢冷却,获得接近平衡态组织。主要应用于 $w_c = 0.3\sim0.6\%$ 的中碳钢锻件。可细化晶粒、降低硬度、消除内应力。

(6)不完全退火(软化退火)

将钢不完全奥氏体化,而后缓慢冷却的退火工艺。目的是降低硬度、消除内应力。适用于原始晶粒细而均匀,不需完全退火就可达到目的的亚共析钢锻件。和完全退火相比,可以缩短工艺周期,提高生产率。

(7)球化退火

使钢中碳化物球化的退火工艺。适用于含碳量大于 0.6 wt% 的各种高碳工具钢、模具钢、轴承钢等过共析钢。这些钢如果采用完全退火工艺处理,容易在两相区由于缓慢冷却而形成在晶界析出的网状渗碳体,恶化性能。球化退火的目的是提高塑性、韧性,改善切削加工性;消除应力,减少最终淬火时的变形开裂倾向。如图 3.67 所示,是一种高碳钢的球化退火组织,由于球状颗粒的表面积最小,因此,渗碳体由原来的片状转变为球状颗粒,均匀分布于铁素体基体上。

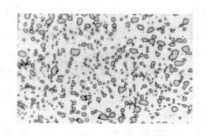

图 3.67 一种高碳钢的球化退火组织

(8)等温退火

将钢完全(亚共析钢)或不完全(过共析钢)奥氏体化,而后快冷到珠光体转变区域保温一段时间,珠光体转变完成后空冷的退火工艺。等温退火是完全退火、不完全退火、球化退火工艺的改进,可以缩短工艺周期,提高生产率。

3.4.3 正火

将钢完全奥氏体化,保温后空冷的工艺称为正火。正火后钢的强度、韧性、硬度比退火高。正火有以下应用:

a.为淬火作组织准备:消除网状渗碳体(过共析钢),细化晶粒,消除内应力;

b.最终热处理:$w_C = 0.4 \sim 0.7\%$ 的钢件可在正火态下使用,具备良好的综合机械性能;

c.代替完全退火:适用于 $w_C < 0.4\%$ 的中低碳钢;

d.改善铸件晶粒度,消除组织不均匀性。

3.4.4 淬火

将钢加热到临界温度(亚共析钢为 $A_{c3} + 30 \sim 50\ ℃$,过析钢为 $A_{c1} + 30 \sim 50\ ℃$)以上,保温一定时间后以较快的冷却速度冷却,获得马氏体或下贝氏体的热处理工艺,称为淬火。淬火后钢件强度、硬度、耐磨性显著提高,中碳结构钢淬火后高温回火可以获得很好的综合机械性能。

3.4.4.1 淬火介质

淬火工艺中采用的冷却介质称为淬火介质,对淬火工艺有着重要的影响。淬火介质要求有足够的冷却能力,必须保证工件冷却时能躲过"鼻尖"温度以避免获得非马氏体组织。但是,冷却速度过快,将增加工件截面温差,增大热应力和组织应力而引起工件变形开裂。因此,淬火介质的理想冷却特性应该是在"鼻尖"温度附近具有较强的冷却能力,而在 M_s 点附近冷却较慢。此外,理想的淬火介质还要求适用钢种范围宽、工件淬火变形开裂倾向小、不腐蚀粘连工件、不变质、不易燃易爆、少污染、经济等。

常用的淬火介质分为两大类:

（1）无物态变化型

包括熔盐（碱浴、硝盐浴等）、熔化金属等介质，用于分级淬火和等温淬火，依靠周围介质的传导和对流将工件的热量带走，实现冷却，其特点是工件温度高时冷速快，温度低、接近介质温度时冷速慢。常用的硝盐浴冷速与油接近，碱浴冷速比硝盐浴大。硝盐浴中含适量水可以加快冷速。

（2）有物态变化型

包括水基、油基两类淬火介质，其特点是工件淬火时，周围淬火介质汽化。

工件在静止水中冷却时经历三个阶段，如图 3.68 所示：

（a）气膜沸腾期——工件温度使水汽化，在工件周围形成一层气膜（热的不良导体），将工件与介质隔开。此时，冷却速率较慢。

（b）气泡沸腾期——气膜破裂，介质与工件接触。水直接吸收工件热量而汽化沸腾，将热量带走。此时，冷速较快。

（c）对流传热期——工件表面温度降到介质沸点以下，工件靠介质的对流传导散热，冷速减慢。

可见，水作为淬火介质，其冷却特性与理想淬火介质冷却特性相反：工件高中温区冷速

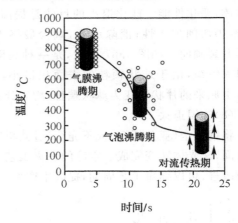

图 3.68 工件在静止水中冷却时的三个阶段

慢（气膜沸腾期），低温区（300 ℃左右，大多数钢的 M_s 点附近）冷速快（气泡沸腾期）。但是，水有便宜、热容量大的优势。为克服水的缺点，可以采用的办法有：1）高中温区摆动工件，破坏气膜；2）低温区提出工件，进行空冷或油淬；3）添加无机盐，在气膜沸腾期破坏蒸汽膜稳定性。因此，水基淬火介质包括盐水（约 10 wt％NaCl）、碱水（含 10 wt％，50 wt％ NaOH）和其他无机盐淬火液等，以及含 PVA，PAG，ACR 等的有机高分子水溶液。

油基淬火介质常用的有矿物油、快速淬火油、光亮淬火油、真空淬火油等。矿物油价格便宜，但冷却能力比水差，工件表面不清洁，适用于形状复杂的中小型合金钢零件淬火。在低于80 ℃温度范围内适当提高油温可提高流动性，增加冷速。油中添加硫酸钠、硫酸钡、硫酸钙等，可以抑制蒸汽膜形成，提高冷速，这种油称为快速淬火油。光亮淬火油是在轻油及用溶剂精炼法提取的淬火油中加入稳定性好、无灰分的表面活性剂，避免在工件表面沉积碳黑，使工件表面光亮。真空淬火油不易蒸发，蒸汽压低，适用于真空淬火。

3.4.4.2　淬透性

钢淬火获得马氏体组织的能力称为钢的淬透性，主要取决于钢中合金元素的种类及含量。过冷奥氏体越稳定，临界冷却速度 v_c 越小，钢的淬透性越好。钢中添加的很多合金元素，如 Cr，Mn，B 等，都可以有效提高淬透性。

钢的淬透性可以采用断口检验法、临界直径法、U 曲线法、顶端淬火试验法（端淬试验）等实验方法确定。

所谓临界淬透直径 D_0，指钢在某种介质中淬火时，心部得到半马氏体（50％）组织的最大直径。工件直径小于 D_0，可以完全淬透。临界淬透直径大小与钢的淬透性、淬火剂的冷却能

力有关。很显然,钢的淬透性越好、临界淬透直径越大,则淬火时越容易获得完全的马氏体组织。为了降低淬火应力,在获得要求的组织的前提下,对淬透性好的钢,一般采用较温和的淬火介质。

3.4.4.3 淬硬性

钢的淬硬性表征淬火后钢表面能达到的最高硬度。主要取决于钢的含碳量,合金元素的作用不大。

3.4.4.4 淬火应力

淬火时,工件的变形和开裂是两大问题,必须严格控制。引起变形和开裂的淬火应力主要是热应力和组织应力。

热应力是工件加热或冷却时由于存在截面温差,导致材料热胀冷缩的不同时性引起的。冷却初期,表面比心部冷得快,表面的收缩比心部大而受到阻碍,因此,表面产生拉应力,心部产生压应力;冷却后期,心部的收缩受到表面牵制,因此,心部产生拉应力,表面产生压应力。因此,冷却后,热应力的效果是在工件表面产生残余压应力。

组织应力是工件加热或冷却时由于存在截面温差,导致材料相变的不同时性引起的。由于奥氏体的密度比马氏体大,冷却转变时,钢的体积膨胀。冷却初期,表面比心部冷得快,表面的相变膨胀受未转变心部的牵制,表面产生压应力,心部产生拉应力;冷却后期,心部的相变膨胀受表面已转变马氏体阻碍,心部产生压应力,表面产生拉应力。因此,组织应力的效果是在工件表面产生残余拉应力。很明显,温差越大、钢的淬透性越好,零件尺寸越大,则组织应力越大。

此外,因工件表面和心部组织转变条件不同,沿截面组织结构不均匀形成附加内应力。如表面脱碳、增碳、表面局部淬火等。实际工件淬火后残余应力是热应力、组织应力和附加应力综合作用的结果。其大小和分布特征受钢的成分、零件尺寸、转变产物等因素影响。

3.4.4.5 淬火工艺

淬火工艺包括淬火加热温度、保温时间和冷却方式。

淬火加热温度主要根据钢的成分确定。亚共析钢淬火时,为了避免获得铁素体组织,必须完全奥氏体化,因此淬火加热温度为 $A_{c3}+30\sim50$ ℃;对于过析钢,如果完全奥氏体化,淬火后将获得硬而脆的高碳马氏体,脆性太大。因此,淬火加热温度确定在铁-碳相图的两相区,即 $A_{c1}+30\sim50$ ℃。此时,由于部分渗碳体未溶入奥氏体,奥氏体含碳量不是很高,淬火后获得性能较好的低、中碳马氏体,同时,马氏体上弥散分布着渗碳体,可以提高钢的耐磨性。考虑到合金元素的扩散需要,合金钢的淬火加热温度必须适当提高。综合考虑性能要求和尺寸变形的因素,在满足性能要求的前提下,淬火温度越低越好。

此外,加热设备、零件尺寸、零件形状、原始组织以及拟采用的淬火介质等因素,都必须在确定淬火加热温度时加以考虑。

淬火加热保温时间和加热设备、钢的成分、零件形状尺寸等因素有关。一般,在盐浴中加热所需的时间比在空气炉中加热要短得多。

主要的淬火方法如下:

(1)单液淬火

用一种冷却介质(盐水或机油等)冷却,简单、经济、适合大批作业,在淬火方法中应用最为广泛。

(2)预冷淬火

为减少淬火应力,将工件奥氏体化后先在空气或其他缓冷介质中预冷到稍高于 A_{r1} 或 A_{r3} 温度,然后进行淬火。

(3)双液淬火

先用冷却速度快的介质以避开"鼻尖"温度,而后用冷速较慢的介质以减少工件内应力。多用于碳素工具钢及大截面合金工具钢等要求淬透较深的零件的淬火。合适的双液有水-空气、油-空气和水-油等。

(4)分级淬火

将加热后的钢快速置于略高于 M_s 点的恒温盐浴中保温一段时间,在发生贝氏体转变前取出空冷,获得马氏体组织。其优点是可以减少淬火应力。

(5)等温淬火

将加热后的钢置于贝氏体转变温度的恒温盐浴中保温一段时间,获得下贝氏体组织。具有比马氏体更好的强度与韧性配合,无须回火。

(6)深冷处理

为减少残余奥氏体量,将获得马氏体后的淬火工件继续冷却到 M_f 温度(一般为零下温度)。常用于尺寸稳定性要求高的精密量具等的处理。

3.4.5 回火

将淬火钢件加热到 A_{c1} 以下某一温度,保温一定时间后空冷的热处理工艺,称为回火。

回火的目的是降低脆性、减少内应力、促进不稳定的淬火马氏体和残余奥氏体转变。淬火后一般都必须及时回火,否则,一些大型的或形状复杂的工件,如模具等,有开裂的危险。

回火过程中发生的组织转变有马氏体分解、碳化物析出、聚集长大和残余奥氏体转变。不同温度下发生的转变如下:

(1)时效阶段

温度低于 80~100 ℃,此时只发生 C 原子向微观缺陷处偏聚。

(2)第一阶段

温度为 80~170 ℃时,马氏体中析出 ε-$Fe_{2\sim3}C$,马氏体碳含量降为约 0.25 wt%,称回火马氏体。此时碳化物与回火马氏体基体保持共格关系。对于碳含量低于 0.2 wt% 的板条马氏体,这个阶段只发生 C 原子向位错处的偏聚过程。

(3)第二阶段

温度为 250~300 ℃时,残余奥氏体分解成回火马氏体或下贝氏体和 ε-$Fe_{2\sim3}C$。

(4)第三阶段

温度为 270~400 ℃,ε-$Fe_{2\sim3}C$ 转化成渗碳体,最终获得铁素体 α+渗碳体(与基体无共格关系)的混合组织。400 ℃以下,渗碳体为片状或细小的颗粒状,铁素体还保留马氏体的形貌,这种组织称为回火屈氏体(T');400 ℃以上,渗碳体长大成较粗大的颗粒状,α 开始回复,600 ℃以上 α 开始再结晶成等轴状,这种获得的等轴晶粒铁素体基体上弥散分布粒状渗碳体的组织称为回火索氏体(S')。图 3.69 为淬火后组织(a)经高温回火后的变化(b)。

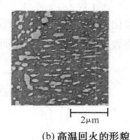

(a) 淬火马氏体 　　　　　　　　　　　　　(b) 高温回火的形貌

图 3.69　淬火马氏体高温回火后的形貌变化

因此,根据工件最终的性能需要,回火工艺分为低温回火、中温回火和高温回火三种。高温回火又称调质处理,可以获得良好的综合机械性能。表 3.12 为三种回火工艺的温度、组织及性能特征。

表 3.12　三种回火工艺的温度、组织及性能特征

	低温回火	中温回火	高温回火(调质)
回火温度	150～250 ℃	350～500 ℃	500～650 ℃
组　　织	回火马氏体:(较低过饱和度的马氏体＋ε-碳化物)＋残余奥氏体	回火屈氏体:铁素体(保留 M 形态)＋片状或细颗粒状渗碳体(比 ε-碳化物粗)	回火索氏体:等轴晶粒铁素体＋细粒状渗碳体组成
性能特征	内应力和脆性降低、保持高硬度(58～62 HRc)和耐磨性	硬度 35～45 HRc,弹性极限较高,有一定韧性	硬度 25～35 HRc,具有良好的综合力学性能
应用举例	具有高硬度的模具、量具、工具	弹簧钢	轴、齿轮

回火过程必须注意避免出现回火脆性。所谓回火脆性,是指回火后工件脆性增大的现象。主要有两类:

(1)第一类回火脆性(低温回火脆性)

250～400 ℃之间出现的回火脆性。其特征是:1)与回火后的冷却速度无关;2)不可逆性,出现这种脆性的工件,在更高的回火温度回火时,脆性消失且不再出现。一般认为这类回火脆性是低温回火时碳化物析出形态不良(沿边界析出)引起的。

(2)第二类回火脆性(高温回火脆性)

450～600 ℃之间出现的回火脆性。其特征是:1)对回火后的冷却速度敏感,快冷可以抑制其出现;2)可逆性,出现这种脆性的工件,重新回火快冷后,脆性消失,但再脆化处理后又出现。这类回火脆性是 Sb,Sn,Mn,Cr,P 等杂质元素向原始奥氏体晶界偏聚引起的。Mn,Cr 增加高温回火脆性倾向,而 Mo,W 抑制高温回火脆性倾向。粗晶粒钢容易出现高温回火脆性。

3.5　钢的表面强化

轴类等零件工作时最大切应力发生在表面,如图 3.70 所示。因此要求表面有高强度、高

硬度,而心部有良好的韧性。此外,齿轮、机床导轨等工件要求表面有很高的耐磨性。因此,钢的表面强化技术有广泛的应用。

钢的表面强化技术有表面淬火和化学热处理等。

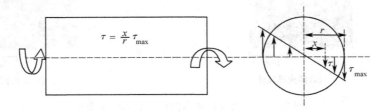

$$\tau = \frac{x}{r}\tau_{max}$$

图 3.70　轴类零件使用时的一种典型载荷分布

3.5.1　表面淬火

表面淬火是一种对工件表面进行加热淬火的工艺。要实现表面淬火,工件表面与心部必须存在巨大温差,因此,要求加热设备能提供大热流密度(大于 100 W/cm²),从而实现表面快速加热。符合要求的加热方法有火焰加热、感应加热、接触加热和激光加热等,其中以感应加热的应用最为广泛。

感应加热时,零件放在通有交流电的感应线圈内,在交变磁场作用下产生感生电势并在表面形成涡流而发热。电流透入深度与金属电阻率 ρ、相对磁导率 μ、电流频率 f 有关。由于相同温度下,钢的电阻率和相对磁导率变化不大,因此,电流透入深度,即感应淬火后的硬化层深度,主要取决于电流频率。感应加热根据电流频率分类。表 3.13 列出了不同类别感应加热的频率范围及可以获得的硬化层深度。硬化层深度的一种定义方法如图 3.71 所示。

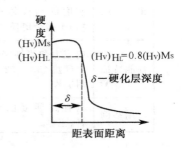

图 3.71　感应淬火硬化层深度

表 3.13　不同类别感应加热的频率范围及可以获得的硬化层深度

感应加热分类	频率范围 /Hz	硬化层深度 /mm
工频感应加热	50	>15
中频感应加热	<10 k	2~6
高频感应加热	30 k~100 k	0.25~0.5
超高频感应加热	2000 k~3000 k	0.05~0.5

感应加热淬火前,为了获得良好综合性能的心部组织,零件一般预先进行调质处理。而后,根据零件尺寸及硬化层深度要求,选择感应加热设备的比功率。由于感应加热速度较快,一般感应淬火加热温度比普通淬火高。感应加热方式可以采用同时加热或连续加热的方式进行。淬火冷却方式一般采用喷射冷却法或埋油淬火法。回火工艺可以采用一般的炉中回火、自回火或感应加热回火。炉中回火时采用的回火温度比普通加热淬火低,一般不高于200℃,时间 1~2h;自回火是利用控制喷射冷却时间,使硬化区内层的残留热量传到硬化层,达到一

定温度下回火的目的;感应加热回火则利用中频、工频感应加热回火。

3.5.2 化学热处理

将金属或合金工件置于一定温度的活性介质中保温,使一种或几种元素渗入工件表面,从而改变表面层的化学成分、组织和性能的热处理工艺称为化学热处理。常用的化学热处理有渗碳、渗氮、碳氮共渗、渗金属、表面合金化等。

3.5.2.1 **渗碳**

将工件置于能产生活性碳的介质中加热保温,使碳原子渗入表层,从而获得高的表面含碳量和一定的碳浓度梯度的化学热处理工艺称为渗碳。常用的渗碳用钢有 15,20,20Mn2,15Cr,20Cr,20MnV,20CrMnTi,30CrMnTi,20Mn2B,20MnVB 等(具体见 §4)。其中,Mn,Cr,Ni,B 等合金元素用于提高淬透性,Ti,V,W,Mo 等强碳化物形成元素可以阻碍高温下奥氏体长大。这些低碳钢渗碳后提高表面含碳量,获得一定的碳浓度梯度,经淬火后具有很高的表面硬度,而心部有较高的塑性、韧性。因此,机械零件具有高的疲劳强度和冲击韧性。

渗碳工艺有气体渗碳、固体渗碳和液体渗碳等。固体渗碳历史悠久,操作简单,设备简易。但加热时间长,表面碳浓度及渗层深度不易控制。液体渗碳操作简单,加热速度快,渗碳时间短,多用于小批量生产。应用最广的是气体渗碳。此外,还发展了真空渗碳、离子渗碳等特殊渗碳方法。

气体渗碳在 20 世纪 40 年代后出现,生产率高,易机械化自动化,表面碳浓度及渗层深度可精确控制,渗碳后可直接淬火。一般工艺过程是将工件加热至 900～950℃,并向炉内通入煤油、甲醇、甲苯等有机物,有机物分解出的活性碳原子扩散入工件表面形成一定深度的渗碳层。渗碳时间一般较长。渗碳后可以采用预冷后直接淬火,也可以空冷后重新加热进行一次淬火,或进行两次淬火以同时保证表面和心部的组织性能。

渗碳后质量检验包括渗碳层深度(一般为 0.5～2.5 mm)、渗碳层碳浓度(表面最高可达 0.85～1.05 wt%)、表面硬度、金相组织等。

3.5.2.2 **渗氮**

在 Fe-N 相图共析点温度(590 ℃)以下,于活性 N 气氛(常用介质为氨气)中加热保持,在钢件表面形成氮化物层和其下由 N 在 BCC-Fe 中的固溶体组成的扩散层的化学热处理工艺称为渗氮。常用的渗氮用钢有 38CrMoAl,35CrAl,38CrWVAl 等。N 原子可以与材料中的 Al,Cr,Mo,Ti 等合金元素形成高硬度、高耐磨性的强化相 AlN,CrN,MoN,TiN 等。因此,渗氮后可提高表面硬度(1000～1200 HV)、疲劳强度、红硬性、耐磨耐蚀性,且变形小。

一般的抗磨氮化(强化氮化)以提高工件耐磨性、疲劳性为目的。与表面淬火类似,渗氮前先进行调质处理。

另外一种获得广泛应用的渗氮工艺是离子氮化,即在低于常压下的渗氮气氛中,利用工件(阴极)与阳极之间产生的辉光放电进行渗氮。和气体渗氮相比,工艺周期短,零件变形小,渗层深度、组织可控,易实现局部渗,适应钢种多,节省渗剂。

第四章

常用材料简介

4.1 金属材料简介

金属材料具有良好的强度、韧性配合,良好的导电导热性和一定的耐腐蚀性,在日常生活及工程中都有着广泛的应用。如图 4.1 所示,金属材料可分为黑色金属材料和有色金属材料两大类。黑色金属材料主要有钢和铁,除此之外的大多数金属,如铝、钛、镍、镁、铜及其合金都归入有色金属材料一类。钢是含碳量小于 2.11 wt% 的 Fe-C 二元合金。除 C 外,钢中其他合金元素的总含量小于 1.5 wt% 时称为碳素钢;否则,称合金钢。铁是含碳量大于 2.11 wt%,小于 6.67 wt% 的 Fe-C 二元合金。

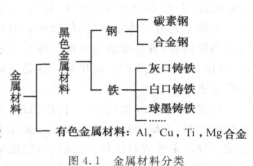

图 4.1 金属材料分类

4.1.1 碳素钢

碳素钢成分标准见表 4.1。一般按照含碳量,将碳素钢分为低碳钢、中碳钢和高碳钢,含碳量范围(质量百分数)分别为 $\leq 0.25\%$,$0.25\% \sim 0.55\%$,$>0.55\%$;按照冶金质量,碳素钢又分为普通质量钢、优质钢和高级优质钢。S,P 是钢中的主要杂质,严重恶化钢的性能,因此,S,P 含量越低,钢的质量越好。三种质量钢的 S 含量(质量百分数)分别控制在 0.050%,0.035% 和 0.020% 之内;P 含量(质量百分数)则分别控制在 0.045%,0.035% 和 0.030% 之内。

表 4.1 碳素钢的成分标准

合金元素	Cr	Mn	Mo	Ni	Si	Ti	W	V
最大含量/wt%	0.30	1.00	0.05	0.30	0.50	0.05	0.10	0.04

按用途不同,碳素钢还分为碳素结构钢、碳素工具钢和铸造碳钢。

4.1.1.1 碳素结构钢

碳素结构钢含碳量 $w_c = 0.06 \sim 0.38$ wt%,用来制造各种金属结构和机械零件。按照冶金质量等级,碳素结构钢包括普通质量碳素结构钢和优质碳素结构钢。

普通质量碳素结构钢的牌号标示方法如图 4.2 所示。首字母 Q 表示屈服强度,其后的三位数字是其屈服强度值,单位 MPa。短杆后的两个字母分别表示质量等级和炼钢时采用的脱氧方法。质量等级共分 A,B,C,D 四级,主要根据 S,P 含量划分。脱氧方法主要有 F,Z,b。F 表示沸腾钢,钢液在浇注之前只进行部分脱氧,钢液中保留相当数量的 FeO,浇注后,FeO 和 C 反应析出 CO,状似沸腾,故名。沸腾钢在凝固后含大量气泡,无缩孔,成材率高,但偏析比较严重。镇静钢(Z)的钢液在浇注前已完全脱氧,因此在凝固过程中液面平静。半镇静钢(b)介于两者之间。

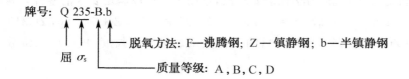

图 4.2 普通碳素结构钢牌号标示方法

普通质量碳素结构钢的主要牌号及应用见表 4.2。这类钢在出厂时主要保证机械性能,因此,一般在热轧态直接使用,不需要热处理。但有时为了提高性能,也可以采用正火、调质、渗碳等处理。

表 4.2 普通质量碳素结构钢主要牌号及应用

牌号	Q195	Q215	Q235	Q255	Q275
主要应用举例	受载荷较小的钢丝、开口销、钉子、拉杆、焊接件	铆钉、短轴、拉杆、垫圈、渗碳件、焊接件	连杆、螺栓、螺母、轴类支架、角钢、槽钢、工字钢、圆钢、重要的焊接件	轴类、吊钩、型钢	轴、齿轮

优质碳素结构钢用来制造比较重要的机械零件。零件服役前通常都需要采用正火、调质、淬火、回火、渗碳等热处理来达到使用性能要求。这类钢出厂时主要保证成分,钢号用平均含碳量的万分数表示,如果数字后加 F 表示沸腾钢,加 Mn 表示含 Mn 量较高。

优质碳素结构钢含碳量 $w_c = 0.05 \sim 0.75$ wt%,主要牌号、性能特点及应用见表 4.3。表中碳素渗碳钢、碳素调质钢和碳素弹簧钢是根据这些钢的主要热处理方法及其应用分类的。

表 4.3 优质碳素结构钢主要牌号、性能特点及应用

牌号	08F,10	15,20,25 (碳素渗碳钢)	30,35,40,45,50 (碳素调质钢)	55,60,65,65Mn (碳素弹簧钢)
性能特点	强度低、塑性好	强度较低、塑性韧性较好,渗碳后可获得表面硬度高而心部韧性好的零件	强度、塑性、韧性配合较好,经调质后可获得优良的综合力学性能	强度高、塑性低,淬火中温回火处理后有较好的弹性
应用举例	冷冲压件、焊接件	负载不大的轴、销、齿轮、垫片及渗碳件	轴类、齿轮、紧固件、要求不高的表面淬火件	简单的耐磨件、简单的弹簧、钢丝绳等

4.1.1.2 碳素工具钢

碳素工具钢用来制造各种小截面刃具、模具和量具。热处理后硬度、耐磨性高,但塑性、韧

性低,淬透性差。由于使用时要求较高的硬度,通常采用淬火、低温回火处理。淬火前进行球化退火以降低淬火应力。碳素工具钢含碳量为 $w_c = 0.65 \sim 1.35$ wt%,牌号用 T(碳的拼音首字母)和数字表示,数字为平均含碳量的千分数,数字后加 A 表示高级优质碳素工具钢。主要牌号有 T7,T8,T9,T10,T11,T12 和 T13。T7,T8 硬度高、韧性也较好,可制造冲头、凿子、锤子等工具。T9,T10,T11 硬度高、韧性适中,可制造钻头、刨刀、丝锥、手锯等刃具及冷作模具等。T12 和 T13 硬度高、韧性低,可制作锉刀、刮刀等刃具及量规、样套等量具。

4.1.1.3　铸造碳钢

铸造碳钢用来铸造形状复杂、力学性能要求高,选用铸铁难以满足要求的零件。含碳量为 $w_c = 0.15 \sim 0.60$ wt%。主要牌号有 ZG200-400,ZG230-450,ZG270-500,ZG310-570 和 ZG340-640 等,其中 ZG 表示铸钢,紧接其后的三位数字表示屈服强度,短杠后三位数字表示抗拉强度。

4.1.2　合金钢

钢中除 C 外的各种合金元素的总量之和大于 1.5 wt%时称为合金钢。合金钢中的主要合金元素有 Al,Co,Si,Cu,Mo,Ni,Cr,Mn 等,主要作用有:

(1)细化晶粒:合金元素和 C 形成硬碳化物颗粒,阻碍晶粒长大;

(2)强化:固溶入钢中的合金元素起固溶强化作用,与 C 形成合金渗碳体或特殊碳化物的合金元素起弥散强化作用,从而提高钢的强度和屈强比(屈服强度与抗拉强度之比);

(3)提高淬透性:碳素钢水淬可以淬透的最大直径只有 15~20 mm,添加一些合金元素可以大幅度提高淬透性,以保证制造大尺寸、形状复杂零件的需要;

(4)提高回火稳定性:可以采用较高的回火温度而不使材料的强度大幅下降,从而保证钢材的韧性;

(5)获得室温奥氏体组织:一些合金元素可以将 Fe-C 相图的奥氏体区域扩展到室温,获得奥氏体不锈钢,提高钢材的耐腐蚀性能;

(6)获得特殊性能钢:提高钢的抗氧化、耐腐蚀、耐热、耐低温、耐磨损等特殊性能。

按照合金元素总含量多少,合金钢分为低合金钢(总量少于 5 wt%)、中合金钢(总量为 5~10 wt%)和高合金钢(总量高于 10 wt%)。按照所含的主要合金元素,可分为铬钢、铬镍钢、锰钢、硅锰钢等。按照小试样正火或铸造状态的显微组织,分为珠光体钢、马氏体钢、铁素体钢、奥氏体钢和莱氏体钢等。按照用途,可分为合金结构钢、合金工具钢和特殊性能钢三大类,如图 4.3 所示。

合金钢的命名原则(牌号)如下:

(1)开头的两位数字为以万分之几计的平均含碳量。

(2)平均含量低于 1.5 wt%的合金元素在牌号中只标出元素,不标明含量。

(3)平均质量分数为 1.5%~2.49%,2.5%~3.49%,……,17.5%~18.49%,……时,合金元素后面分别标示 2,3,……,18,……

(4)高级优质合金结构钢、弹簧钢在牌号末尾加 A。

(5)合金工模具钢、高速钢和滚动轴承钢的编号比较特殊,具体见后面钢种介绍部分。

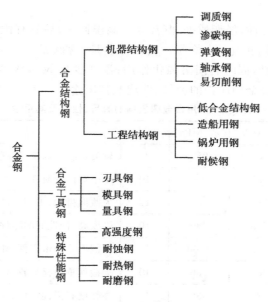

图 4.3　合金钢按用途分类

4.1.2.1　合金结构钢

合金结构钢是用于制造工程结构和机器零件的钢种,可分为工程结构钢和机器零件钢两大类。前者包括低合金结构钢、造船用钢、锅炉用钢、耐候钢等;后者又根据制造的零件的主要热处理方法分为调质钢、渗碳钢、弹簧钢、轴承钢、易切削钢等。

(1)工程结构钢

这类钢主要用于建筑、船舶、桥梁、运输工具、高压容器、军工、大型钢结构等,对性能要求有:一定的综合力学性能和屈强比、良好的压力加工和焊接性能以及耐候性和耐冷脆性。因此,它的成分特点是:低含碳量($w_c < 0.2$ wt%)以保证韧性、焊接性和冷成型性能;根据不同要求添加不同合金元素,但总量少于 3 wt%,例如,加 Mn 提高强度;加 Nb,Ti,V 细化晶粒及获得弥散强化效果;加 Cu,P 提高抗腐蚀性等。

表 4.4 列出了我国几种不同强度级别的低合金高强度钢的牌号及其用途。

表 4.4　我国几种低合金高强度钢牌号及用途

级别(MPa)	牌号	用　　　途
300	12Mn	船舶、低压锅炉、容器、油罐
	09MnNb	桥梁、车辆
350	16Mn	船舶、桥梁、车辆、大型容器、大型钢结构、起重机械
	12MnPRe	建筑结构、船舶、化工容器
400	16MnNb	桥梁、起重机
	10MnNbRe	港口工程结构、造船、石油井架
450	14MnVTiRe	桥梁、高压容器、电站设备、大型船舶
	15MnVN	大型焊接结构、大桥、造船、车辆
500	14MnMoVBRe	中温高压容器(<500 ℃)
	18MnMoNb	锅炉、化工、石油的高压厚壁容器(<500 ℃)
650	14CrMnMoVB	中温高压容器(400～560 ℃)

(2)合金调质钢

这类钢有良好的淬透性,经调质处理(淬火＋高温回火)后具有优良的综合力学性能,广泛应用于制造轴、杆类零件,齿轮,链条等。成分特点是:含碳量 $w_C = 0.30 \sim 0.50$ wt%;添加 Cr,Ni,Mn,Si 增加淬透性,同时起固溶强化作用;添加少量 Mo,W,V 等细化晶粒、提高回火稳定性。表4.5为常用合金调质钢的牌号、性能及其用途。

表 4.5　常用合金调质钢的牌号、性能及其用途

牌号	σ_s/MPa	σ_b/MPa	δ/%	用　　　途
40Cr	785	980	9	轴类、连杆、螺栓、进气阀、重要齿轮等
40MnB	785	980	10	中小截面调质件
35CrMo	835	980	12	大截面齿轮、重型传动轴、大电机主轴等
40CrNi	785	980	10	强度高、韧性好的零件,如轴、齿轮、链条
40CrNiMoA	850	1000	10	大截面受冲击零件,如偏心轴、曲轴等
40CrMnMo	785	980	10	大截面重负荷齿轮、轴等
45CrNiMoVA	835	980	12	高强度高弹性零件,如车辆扭力轴

(3)合金渗碳钢

这类钢用于制造轴、齿轮、蜗杆、活塞销等要求表面具有良好的耐磨性和高强度、高硬度,心部具有良好的韧性的零件。主要经渗碳淬火低温回火处理来获得所需性能。因此,其成分特点是:低含碳量($w_C = 0.10 \sim 0.25$ wt%);添加 Cr,Ni,Mn,B 增加淬透性,同时获得固溶强化;添加少量 Mo,W,V,Ti 等形成稳定碳化物,细化晶粒。表4.6为常用合金渗碳钢的牌号、性能及其用途。

表 4.6　常用合金渗碳钢的牌号、性能及其用途

牌号	σ_s/MPa	σ_b/MPa	δ/%	用　　　途
20CrMnTi	850	1100	10	广泛用于汽车、拖拉机工业30 mm直径以下的高速、中重载冲击磨损件,如变速箱齿轮
20Mn2TiB	950	1150	10	汽车拖拉机上小截面、中等负荷齿轮
20Cr2Ni4A	1100	1200	10	传动齿轮、轴、万向叉
18Cr2Ni4WA	850	1200	10	大齿轮、花键轴、曲轴
20CrMn	750	950	10	齿轮、轴、蜗杆、活塞销、摩擦轮
20Mn2	600	820	10	小齿轮、小活塞销
20Cr	550	850	10	小齿轮、小轴、活塞销

(4)合金弹簧钢

合金弹簧钢主要用于制造弹簧。因此要求有高弹性极限和屈强比、良好的综合力学性能及高疲劳强度。其成分特点是:中含碳量($w_C = 0.50 \sim 0.70$ wt%);添加 Cr,V,Mn,Si 增加淬透性、获得固溶强化、提高回火稳定性。弹簧的典型热处理是淬火中温回火,获得回火索氏体组织。为了提高抗疲劳性能,表面进行喷丸处理,获得压应力。表4.7为常用合金弹簧钢的牌号、性能及其用途。

表 4.7　常用合金弹簧钢的牌号、性能及其用途

牌号	σ_s/MPa	σ_b/MPa	δ/%	用　　途
65Mn	800	1000	8	大尺寸的各种弹簧
60Si2Mn	1200	1300	5	车辆板簧、螺旋弹簧、安全阀用弹簧,工作温度低于 250 ℃耐热弹簧
55CrMnA	1100	1250	9	大尺寸板簧、螺旋弹簧
60Si2CrVA	1700	1900	6	高载荷耐冲击弹簧、工作温度低于 250 ℃耐热弹簧
50CrVA	1150	1300	10	大截面高应力螺旋弹簧,工作温度低于 300 ℃耐热弹簧
30W4Cr2VA	1350	1500	7	500 ℃下工作弹簧、锅炉安全阀用弹簧
55Si2Mn	1200	1300	6	车辆板簧、螺旋弹簧、工作温度低于 250 ℃耐热弹簧、高应力重要弹簧

(5)滚动轴承钢

滚动轴承钢主要用来制造轴承的滚珠、滚针、套圈,以及一些工具、量具、模具。这类零件一般要求有高硬度、高耐磨性;良好的综合力学性能;高接触疲劳强度和弹性极限。其成分特点是:高含碳量($w_C = 0.90 \sim 1.10$ wt%);添加 Cr($w_{Cr} = 0.50 \sim 1.65$ wt%)形成合金渗碳体、提高淬透性、细化碳化物。表 4.8 为常用滚动轴承钢的牌号、性能及其用途。牌号中不标示平均含碳量,含 Cr 量以千分之几计,在牌号开头加符号 G,如 Cr 质量分数为 0.9% 的轴承钢表示为 GCr9。

表 4.8　常用滚动轴承钢的牌号、性能及其用途

牌号	淬火/℃	回火/℃	硬度/HRc	用　　途
GCr6	800~820	150~170	52~66	小尺寸轴承件
GCr9	800~820	150~160	62~66	较小尺寸轴承件
GCr9SiMn	810~830	150~200	61~65	轴套、钢球、滚柱
GCr15	820~840	150~160	62~66	大型机械轴承、高耐磨、高疲劳轴承
GCr15SiMn	820~840	170~200	≥62	大型机械轴承、高耐磨、高疲劳轴承
GSiMnMoV	780~820	175~200	≥62	汽车、拖拉机、轧钢机用轴承

(6)合金工具钢

合金工具钢分类、热处理、组织性能及应用见表 4.9。这类钢的合金元素一般较多,以获得高淬透性、高硬度、高耐磨性和高红硬性。因此,钢的热传导能力一般较差,热处理时特别容易变形开裂,需要特别注意。如,高速钢淬火前需进行球化退火以提高组织均匀性,加热需要分段进行以减少热应力,回火需要多次进行以减少残余奥氏体量。

合金工具钢一般不标含碳量,只有当平均含碳量小于 1.0 wt% 时,以千分之几的一位数字表示含碳量。合金元素含量数字标法与合金结构钢相同。低 Cr 合金工具钢的含 Cr 量以千分之几计的两位数表示,如平均含 Cr 量为 0.6 wt% 的合金工具钢表示为 Cr06。

表 4.9　合金工具钢分类、热处理、组织性能及应用

分类	合金刃具钢		合金模具钢		合金量具钢
	低速刃具钢	高速钢	冷作模具钢	热作模具钢	
应用	低速切削刃具：扳牙、丝锥、车刀、铣刀、绞刀等	高速切削刃具：车刀、刨刀、钻头、铣刀、绞刀、拉刀等	滚丝模、冷冲模、冷压模、塑料模、拉延模、压印模、冷镦模、冷挤压模	热锻模、热压模、热挤压模、精压模、镦模、压铸模	卡尺、千分尺、螺旋测微仪、块规、塞规
性能要求	• 高硬度 • 高耐磨性 • 高红硬性 • 适当的强度、韧性		• 高强度 • 高硬度 • 高耐磨性 • 足够的韧性	• 高强度、高硬度 • 高耐磨性 • 足够的韧性 • 抗热疲劳性、抗氧化性、导热性	• 高强度 • 高硬度 • 高耐磨性 • 组织稳定性
最终热处理及组织	淬火＋低温回火 M'＋合金碳化物＋γ'	淬火＋560 ℃三次回火 M'＋合金碳化物＋γ'	淬火＋低温回火 M'＋合金碳化物＋γ'	淬火＋高温回火 S' 或 T'	淬火＋低温回火＋深冷处理 M'
主要钢种举例	9SiCr，8MnSi，Cr06，Cr2，W，9Cr2	W18Cr4V，W6Mo5Cr4V2，W6Mo5Cr4V2Al	Cr12MoV，Cr12，CrWMn，9Mn2V，Cr4W2MoV6，W6Mo5Cr4V	5CrNiMo，5CrMnMo，3Cr2W8V，4Cr5MoSiV，5Cr4W5Mo2V	9SiCr，CrWMn，GCr15，T10A，T12A

(7)特殊性能钢

表 4.10 列出了一些特殊性能钢分类、性能要求及主要钢种。

(a)高强钢

高强钢按合金元素含量不同,有低合金、中合金和高合金高强度钢三大类。

低合金高强度钢含碳量 w_c＝0.30～0.50 wt%,合金元素总含量少于 5 wt%。最终热处理为淬火低温回火,获得回火马氏体组织。抗拉强度可达 1800 MPa,多用于制造小型零件。

中合金高强度钢含碳量 w_c＝0.30～0.50 wt%,合金元素总含量为 5～10 wt%。最终热处理为淬火高温回火,使钢二次硬化获得高强韧性。抗拉强度可达 2000 MPa,多用于制造热作模具。

高合金高强度钢的合金元素含量较高,可分为超低碳马氏体时效钢和基体钢两大类。

超低碳马氏体时效钢含碳量小于 0.030 wt%,合金元素总含量为 18～25 wt%,淬透性很好,奥氏体化后空冷即可获得低碳马氏体,而后中温加热,低碳马氏体基体上析出细小弥散分布的金属间化合物而使钢强化。这类钢具有高强度、塑性和韧性,可切削加工,用于制造航空器件及压铸模等。

基体钢是在 W6Mo5Cr4V2 高速钢的基础上发展起来的。通过适当降低碳及合金元素含量,使合金元素在热处理时完全溶入奥氏体中,获得高速钢淬火回火后的基体组织(合金马氏体),降低碳化物含量,减少脆性,提高冲击强度和疲劳强度。基体钢可用于制造航天器上的紧固件。

表 4.10 特殊性能钢分类、性能要求及主要钢种

	性能要求	主要种类或成分特点		主要钢种举例
超高强度钢	高强度、合适的塑性等	低合金中碳马氏体型		30CrMnSiNi2A,35CrMnSiA,40CrNiMoA,45CrNiMoVA
		中合金中碳二次硬化型		40Cr5MoSiV1(H13)
		中合金低碳马氏体型		25Si2Mn2CrNiMoVA
		高合金高强度钢	超低碳马氏体时效钢	Ni25Ti2AlNb,Ni8Co9Mo5TiAl
			基体钢	65Cr4Mo2VNb
耐磨钢	承受严重冲击和摩擦	高锰铸钢(受冲击载荷后表面产生严重加工硬化)		ZGMn8 ZGMn13
易削钢	良好切削性	提高 S,P 含量;加 S,Se,Te 等改变非金属夹杂物的组成、性能;加 Pb 形成金属夹杂		Y12,Y20,Y40Mn,YP40,Y35S,Y40CrS,YP12CrNi,YP30CrMo
耐热钢	热强性、抗氧化性	奥氏体耐热钢		1Cr18Ni9Ti,1Cr18Ni9Mo,1Cr14Ni14W2MoTi,4Cr14Ni14W2Mo
		铁素体耐热钢		1Cr17,00Cr12,2Cr25N,15CrMo
		马氏体耐热钢		1Cr13,2Cr13,1Cr11MoV,1Cr12WMoV,15Cr12WMoVA,4Cr9Si2,4Cr10Si2Mo
		珠光体耐热钢		16Mo,12CrMo,15CrMo,20CrMo,12CrMoV,24CrMoV,25Cr2MoVA,35CrMoV
耐蚀钢(不锈钢)	耐腐蚀	奥氏体不锈钢		1Cr18Ni9Ti,1Cr18Ni9,0Cr18Ni9Ti,0Cr18Ni9
		铁素体不锈钢		1Cr17,1Cr17Ti,00Cr30Mo2
		马氏体不锈钢		1Cr13,2Cr13,3Cr13,4Cr13,9Cr18

(b)耐热钢

耐热钢在高温下具有良好的抗氧化性及一定的高温强度,主要应用于加热炉用挂件、锅炉管道、过热器、气阀、燃气轮机轮盘和叶片等高温构件。这类钢中采用的提高耐热性的方法有:添加 Cr,Ni,Mo,W 等合金元素,提高再结晶温度;添加 Ti,Cr,W,V 等合金元素,形成弥散分布的碳化物;添加 Si,Cr,Al 等合金元素,形成钝化膜;使用本质粗晶粒钢,减少晶界滑移。

(c)耐磨钢

耐磨钢主要运用于运转过程中承受严重磨损和强烈冲击的零件,如磨纸浆机用磨盘、挖掘机铲斗、破碎机颚板等。目前主要使用高锰钢,其特点是高碳以保证高强度和耐磨性、高锰以提高钢的加工硬化率及良好的韧性。高锰钢机械加工困难,都在铸态下使用,使用前采用水韧处理。所谓水韧处理,是将钢加热到 $1000\sim1200$ ℃保温,使碳化物完全溶解入奥氏体中,而后水冷,获得单一奥氏体组织。此时钢的硬度低,韧性高。使用时,工件受强大冲击或强大载荷,表面发生加工硬化并发生马氏体相变,获得高硬度,而心部能够保持原来的高韧性状态。

(d)耐蚀钢

耐蚀钢(不锈钢)是指在大气和一般介质中有良好耐腐蚀性的钢,广泛应用于石油、化工、海洋、国防、医疗等领域。金属的腐蚀有两类:

- 化学腐蚀——金属与外部介质发生直接化学作用；
- 电化学腐蚀——金属与外部介质发生电化学作用。

提高金属的耐腐蚀性能的方法有：

- 提高金属的电极电位，如加 Cr；
- 形成表面钝化膜，如加 Al，Cr 形成致密氧化膜；
- 改变金属组织，获得单相组织。

不锈钢根据组织不同，主要有奥氏体不锈钢、铁素体不锈钢和马氏体不锈钢。

4.1.3　铸铁

铸铁是含碳量 $w_c = 2.11 \sim 6.67 \text{wt}\%$ 的 Fe-C 合金，含较多的 Si，Mn，S，P 元素。铸铁的生产设备和工艺简单、价格便宜，具有许多优良的工艺性能和使用性能，广泛应用于制造各种机器零件，如机床床身、床头箱；发动机的汽缸、缸套、活塞环、曲轴、凸轮轴；齿轮箱的箱体；轧机的轧辊及机器的底座等。

碳在铁中的存在形式有三种：固溶于 Fe 晶格中、与 Fe 形成渗碳体和石墨。除了白口铸铁中的碳以渗碳体的形式存在外，其他铸铁的大部分碳以石墨的形式存在。铸铁中碳原子析出并形成石墨的过程称为石墨化。铸铁的石墨化过程可分为三个阶段：

阶段Ⅰ：液态铸铁中析出石墨。过共晶铸铁直接从液相中析出一次石墨，共晶铸铁在 1154℃下通过共晶反应析出共晶石墨；

阶段Ⅱ：从奥氏体相中析出二次石墨，这个阶段决定了铸铁基体的类型；

阶段Ⅲ：在 738 ℃下通过共析反应析出共析三次石墨。三次石墨数量很少，可以忽略。

表 4.11 列出了不同种类铸铁的石墨化发生的阶段。

表 4.11　不同种类铸铁的石墨化过程

石墨化		显微组织	铸铁种类
Ⅰ	Ⅱ		
×	×	$Ld' + P + Fe_3C_{II}$	白口
<u>O</u>	×	$Ld' + P + Fe_3C_{II} + G$ $P + Fe_3C_{III} + G$	麻口
O	×	$P + G$	灰口
	<u>O</u>	$F + P + G$	
	O	$F + G$	

注：× 不进行　<u>O</u> 部分进行　O 充分进行

以下因素影响铸铁的石墨化程度：

(1)化学成分

a)碳含量：碳含量越高，石墨化过程越容易进行。

b)合金元素：按照对石墨化的作用，合金元素分为促进石墨化元素和阻碍石墨化元素，它们的作用强弱如图 4.4 所示。其中 Si 强烈促进石墨化过程，生产中可以通过调整 C，Si 含量控制铸铁的组织和性能。可以按照合金元素促进石墨化的作用折算成相当的碳含量，称为碳当量 C_E，可以用式 $C_E = C + 1/3 Si$ 简单估算。

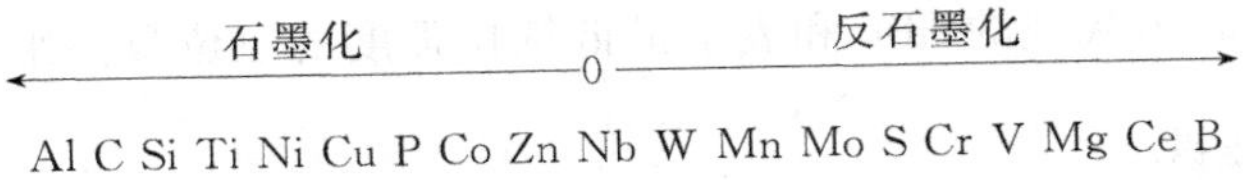

石墨化　　　　　　　　　反石墨化

Al C Si Ti Ni Cu P Co Zn Nb W Mn Mo S Cr V Mg Ce B

图 4.4　常用合金元素对石墨化的作用

（2）冷却速度

冷却速度取决于浇注温度、铸型温度、铸型导热率、铸件厚度等，低冷速有助于石墨化的进行。

铸铁的基体可以是铁素体、珠光体、铁素体＋珠光体。按照石墨形态的不同，可分为灰口铸铁、球墨铸铁、蠕墨铸铁和可锻铸铁等。表 4.12 列出了它们的成分、组织性能、应用及主要牌号。

表 4.12　灰口铸铁、球墨铸铁和蠕墨铸铁的成分、组织性能、应用及主要牌号

分类	成分 /wt%	组织举例	性　　能	应　用	牌　　号
灰口铸铁	C 2.5～4.0 Si 1.0～3.0 Mn 0.5～1.2 S <0.15 P <0.12	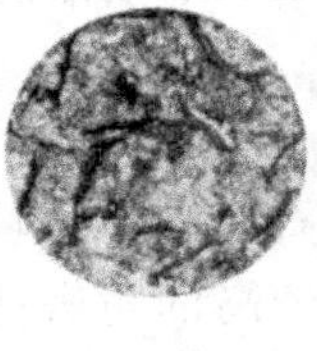	· 抗拉强度低、压缩强度高； · 塑性、韧性低； · 减摩性好； · 减震性好； · 缺口敏感性小。	机床床身，发动机缸体，箱体，阀体，泵体等	HT100 HT150 HT200 HT250 HT300 HT350
球墨铸铁	C 3.6～3.9 Si 2.0～2.8 Mn 0.3～0.6 S <0.07 P <0.10	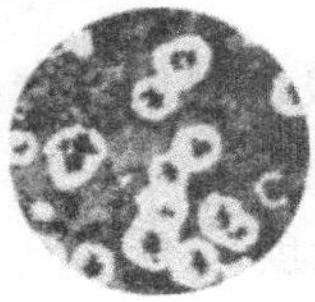	· 具有灰铁基本性能； · 抗拉强度、屈服强度高； · 有一定塑性、韧性； · 疲劳强度较高。	曲轴，连杆，凸轮轴，飞轮，机器底座，汽缸等	QT400-18 QT450-10 QT500-7 QT700-2 QT900-2
蠕墨铸铁	C 3.5～3.9 Si 2.2～2.8 Mn 0.4～0.8 S <0.10 P <0.10	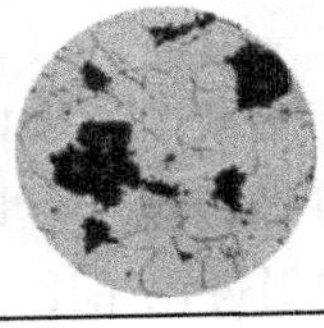	· 介于灰铁和球铁之间； · 导热性，铸造性能，切削加工性能好。	制动盘，排气管，汽缸盖，活塞环等	RuT200 RuT300 RuT340 RuT380 RuT420

4.1.3.1　灰口铸铁

灰口铸铁的石墨呈片状。由于片状石墨的存在，割裂了基体的连续性，同时容易产生应力集中，因此灰口铸铁的抗拉强度很低、塑性很差。但是，也由于片状石墨引入额外界面，可以吸收很多能量，灰口铸铁具有很好的减震性。同时，石墨还可以起润滑作用，因此，减摩性良好。所以，机床床身都采用灰口铸铁制造。

为了提高灰口铸铁的性能，同时防止石墨以渗碳体的形式析出而造成白口化使性能变得更脆，灰口铸铁常经过孕育处理。所谓孕育处理，就是在铸铁熔体中加入孕育剂，在铁水内提供大量非均匀形核的核心，以获得细小均匀的石墨，并细化基体组织，提高铸铁强度。常用的孕育剂有硅铁合金（含硅 60～65 wt%）、硅钙合金（含钙 25～35 wt%）和石墨粉等。

热处理不能改变石墨的形态分布，因而不能有效改善灰口铸铁的整体性能。但是，可以对灰口铸铁进行去应力退火以消除内应力；进行高温退火处理以使铸件表面或薄壁处的白口铁组织中的渗碳体分解以降低硬度，提高切削加工性能；进行表面淬火以提高表面硬度和耐磨性。

灰口铸铁牌号由表示灰铁的 HT 和表示最低抗拉强度的三位数字组成。

4.1.3.2 球墨铸铁

球墨铸铁中的石墨呈球状,不容易产生应力集中,因此,和灰口铸铁相比,强度更高、塑性韧性也较好,综合机械性能接近于钢。球墨铸铁铸造性能好,成本低,生产方便,因此,在工业中应用广泛。

为了获得球状石墨,必须在铁水中添加球化剂。常用的球化剂有金属镁和稀土镁。镁是强烈阻碍石墨化元素,因此,为了防止白口化,必须同时加入孕育剂。

由于球状石墨对基体性能的恶化作用减弱,不同基体的球状石墨性能差异很大。珠光体基体球墨铸铁的抗拉强度比铁素体基体高 50% 以上,而后者的延伸率为前者的 3～5 倍。

球墨铸铁的热处理与钢类似,可以进行退火、正火、调质、等温淬火。

球墨铸铁牌号用表示球铁的 QT 标明,其后两组数值表示最低抗拉强度和延伸率。

4.1.3.3 蠕墨铸铁

蠕墨铸铁的石墨形态为蠕虫状,与灰口铸铁的片状石墨相似,但石墨片的长宽比小,端部较钝。因此,其强度接近于球墨铸铁,并有一定的韧性,较高的耐磨性;同时,又有和灰口铸铁类似的良好铸造性能和导热性。

蠕墨铸铁是在一定成分的铁水中加蠕化剂铸造而成。常用的蠕化剂有镁钛合金、稀土镁钛合金和稀土镁钙合金。

蠕墨铸铁以 RuT 表示,其后的数字表示最低抗拉强度。

4.1.3.4 可锻铸铁

白口铸铁经过长时间退火处理,渗碳体分解,获得团絮状石墨,基体可以是铁素体或珠光体。这种铸铁具有较高的强度、塑性和冲击韧性,称为可锻铸铁。可以用来制造形状复杂、承受冲击和振动载荷的零件,如管接头、低压阀门等。与球墨铸铁相比,可锻铸铁成本低、质量稳定。

铁素体可锻铸铁以 KT 表示,珠光体可锻铸铁以 KTZ 表示,其后的两组数字表示最低抗拉强度和延伸率,如 KT330-8,KTZ600-3 等。

4.1.3.5 合金铸铁

在铸铁中添加一些合金元素,可以获得具有良好耐磨性、耐腐蚀性和耐热性的铸铁。例如,为了改善灰口铸铁的耐磨性,将其磷含量提高到 $0.4 \sim 0.6$ wt%,生成呈断续网状分布在珠光体基体上的高硬度的磷共晶($F + Fe_3P$,$P + Fe_3P$ 或 $F + P + Fe_3P$),提高耐磨性;灰口铸铁中加入 Al,Si,Cr 等合金元素,一方面在铸件表面形成致密的氧化层,阻碍继续氧化;另一方面使基体变为铁素体,高温下不发生石墨化过程,从而改善铸铁的耐热性;铸铁中添加 Si,Cr,Al,Mo,Cu,Ni 等合金元素形成保护膜,或使基体电极电位提高,可以提高铸铁的耐腐蚀性能。

4.1.4 有色金属材料

4.1.4.1 铜及铜合金

铜及铜合金大量应用于电气工业、仪器仪表工业等,具有以下一些特性:

(a)优异的物理、化学性能:在所有金属中,铜的导电性仅次于银。铜及其合金有良好的导电性和导热性,抗大气、水的腐蚀性好。铜是抗磁性物质。

(b)良好的加工性能:铜及其合金塑性好,容易进行冷热加工,切削性能优良,铸造铜合金有良好的铸造性能,焊接方便。

(c)一些特殊的的机械性能:优良的减摩和耐磨性(青铜及部分黄铜),抗咬合,高的弹性极限和疲劳极限。

(d)色泽美观

(1)纯铜(紫铜)

纯铜呈紫红色,又称紫铜,主要用于导电材料及配制合金。根据纯度不同,工业纯铜分为T1~4四级,编号越大,杂质越多。表4.13列出了一些常见工业纯铜及其应用。

表 4.13 一些常见工业纯铜及其应用

	牌号	应用举例
纯铜	T1,T2	导电、导热、耐腐蚀器件,如电线、雷管等
	T3,T4	电器开关、电工器材、油管、铆钉等
无氧铜	TU1,TU2	电真空器件
脱氧铜	TP1,TP2	汽油、气体冷凝管等焊接用铜材

(2)黄铜

以 Zn 为主要合金元素的铜合金称为黄铜,Zn 含量为 $w_{Zn}=0\sim50$ wt%。按照化学成分,黄铜分为普通黄铜、特殊黄铜和铸造黄铜(表4.14)。黄铜具有良好的机械性能,易加工成形,耐大气、海水腐蚀。色泽美丽,价格低廉。

表 4.14 黄铜的分类、典型牌号及应用

分类	牌 号	应 用 举 例
普通黄铜	H96,H90,H80,H68,H65,H62,H59	散热器、冷凝器管道、电器、机器零件、垫圈、弹簧、螺钉等
特殊黄铜	HSn90-1, HSn62-1, HAl60-1-1, HMn58-2,HPb63-3	船舶零件、海水中工作的高强度零件、弱电工业用零件等
铸造黄铜	ZCuZn38,ZCuZn40Mn2,ZCuZn38Al2,ZCuZn33Pb2	一般结构耐腐蚀零件、海水中工作的管配件、电机仪表用压铸件、机械、电子、仪器配件等

普通黄铜是 Cu-Zn 二元合金。根据相图,室温下,Zn 含量小于 32 wt%时,形成单相固溶体平衡组织 α-Cu(Zn),塑性好,随含 Zn 量增加,强度升高;Zn 含量大于 45 wt%时,形成 β' 相(以中间相 β-CuZn 为基体的有序固溶体),脆性大;Zn 含量在 32~45 wt%时,获得 $\alpha+\beta'$ 两相组织。工业黄铜的实际含 Zn 量不超过 47 wt%,其退火组织为单相 α 或双相 $\alpha+\beta'$,分别称为单相黄铜(或 α 黄铜)和双相黄铜。

普通黄铜的牌号由表示黄铜的 H 和其后表示平均铜质量百分数的两位数字组成。单相黄铜有 H96，H90，H80，H68 等，塑性好，用于制作冷轧板材、冷拉线材、管材及形状复杂的深冲零件；双相黄铜有 H65，H62，H59 等，可进行热变形，通常热轧成棒材、板材，也可铸造。

普通黄铜中添加 Al，Si，Fe，Mn，Ni 等合金元素，可以提高强度和抗蚀等性能，称为特殊黄铜。例如，铅黄铜有高的耐磨性和良好的切削加工性；锡黄铜有良好的抗海洋大气和海水腐蚀性；铝黄铜有高的强度、硬度和良好的耐大气腐蚀性能；硅黄铜有良好的耐磨性、耐腐蚀性等。特殊黄铜的牌号组成为：H＋主加元素符号＋铜质量百分数＋主加元素质量百分数（例子见表 4.14）。

铸造黄铜具有优良的铸造性能，牌号前加 Z 表示，见表 4.14。

（3）青铜

除 Zn，Ni 以外的其他元素作为主要合金元素的 Cu 合金称为青铜。其牌号组成为：Q＋主加元素符号＋主加元素质量百分数＋其他元素质量百分数。主要的青铜有锡青铜、铝青铜、铍青铜等。

（a）锡青铜

以锡为主要合金元素的青铜。锡含量为 $w_{Sn}=5\sim7$ wt％时，组织为单相 $\alpha\text{-}Cu(Sn)$ 固溶体，有良好的强度与塑性配合，可塑性加工；$w_{Sn}>10$ wt％时，出现 $Cu_{31}Sn_8$ 金属间化合物，强度提高，塑性降低，适合于铸造。铸造时收缩率很小，适用于铸造形状复杂零件。锡青铜具有高强度、耐磨性和弹性，适用于制造弹性元件、滑动轴承、齿轮及艺术品等。此外，对大气、蒸汽、海水、无机盐类的耐腐蚀性比黄铜好，可用于制造一般耐蚀零件。典型的牌号有 QSn4-3(Zn)，QSn10-2(Zn)，QSn6-6(Zn)-3(Pb)，QSn10 等。

（b）铝青铜

以铝代替锡，价格低，又可以热处理强化，是重要的结构材料。铝含量为 $w_{Al}=5\sim7$ wt％时，塑性最好，可进行冷变形加工；$w_{Al}=10$ wt％时强度最高，但塑性差，只适用于铸造。铝青铜在大气、海水、碳酸及大多数有机酸中比黄铜和锡青铜有更好的耐腐蚀性，并且耐磨、无冲击火花，适用于制造齿轮、轴套、导向套等零件。典型的牌号有 QAl9-4(Fe)，QAl10-4-4 等。

（c）铍青铜

铍青铜含铍量为 $w_{Be}=1.5\sim2.5$ wt％，随含铍量增加，强度增大，塑性下降。铍在铜中的最大固溶度为 2.7 wt％（866 ℃时），随温度降低，固溶度下降，室温固溶度只有 0.16 wt％，因此，可以进行时效强化。经固溶时效处理后，铍青铜的最大抗拉强度可达 1250～1500 MPa，弹性极限可达 780 MPa，且有高疲劳强度、良好的耐磨性、抗腐蚀、导电导热、无冲击火花等优点。铍青铜是优良的弹性材料，可制造高级精密弹簧、膜片、轴承、齿轮、电焊机电极等。典型的牌号有 QBe2，QBe1.7 等。

（4）白铜

白铜是以 Ni 为主要合金元素的铜合金。普通白铜是 Cu-Ni 二元合金，编号为 B＋镍的平均质量百分数。普通白铜中加入 Zn，Mn，Fe 等元素后分别称为锌白铜、锰白铜、铁白铜，编号为 B＋其他合金元素＋镍的平均质量百分数＋其它元素的质量百分数。

Cu-Ni 可以无限互溶，因此，白铜的组织为单相固溶体，有较好的强度和塑性，能进行冷、热加工。白铜的耐蚀性好，电阻率较高，主要用于制造船舶仪器零件、化工机械零件、医疗器械等。其中，锰含量较高的锰白铜可制作热电偶丝。典型的牌号有 B30，B19，B5，BZn15-20，BMn3-12，BMn40-1.5 等。

4.1.4.2　铝及铝合金

纯铝呈银白色,密度为 2.7 g/cm³,面心立方结构,熔点 $T_m=660.24$ ℃。强度低,导电导热性优良,仅次于 Ag,Cu。主要用于制造电线、电缆等。

铝合金是应用广泛的工程结构材料,主要合金元素有 Si,Cu,Mg,Zn,Mn 等。这些元素与铝形成具有有限固溶体和共晶反应的相图,如图 4.5 所示。根据图 4.5,铝合金可以分为形变强化铝合金和铸造铝合金两大类。合金元素含量在 B 点右面的合金为铸造铝合金,共晶成分合金熔点(C 点)最低,铸造性能最好。铸造铝合金的代号以 ZL 加三位数表示:第一位数表示合金系列,1—Al-Si 合金,2—Al-Cu 合金,3—Al-Mg 合金,4—Al-Zn 合金。两位数为序号。合金元素含量在 B 点左面的合金为形变强化铝合金:A 点左面的合金,室温下为单相

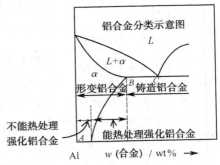

图 4.5　铝合金分类示意图

固溶体组织,塑性好,但强度低,不能通过热处理强化,只能采用形变强化;AB 之间的合金可以通过固溶时效处理获得强化,强度高、塑性也好。形变铝合金分为防锈铝合金(LF),硬铝合金(LY),超硬铝合金(LC)和锻造铝合金(LD)。代号分别为 LF,LY,LC,LD 后接序号。

常用铸造铝合金牌号、力学性能及应用举例见表 4.15,常用的热处理方法见表 4.16。下面简要介绍一些常用的形变铝合金。

表 4.15　常用铸造铝合金牌号、力学性能及应用举例

类别	代号	牌号	铸造方法	热处理	力学性能			应用举例
					σ_b/MPa	δ/%	HB	
铝硅合金	ZL101	ZAlSi7Mg	金属型	T4	190	4	50	飞机、仪器零件
			砂型变质	T6	230	1	70	
	ZL102	ZAlSi12	砂型变质	—	143	4	50	仪表、外形复杂零件
			金属型	—	153	2	50	
	ZL105	ZAlSi5Cu1Mg	金属型	T5	240	0.5	70	油泵壳体等
			金属型	T7	180	1	65	
	ZL109	ZAlSi12Cu1Mg1Ni1	金属型	T1	200	0.5	90	活塞及高温工作件
			金属型	T6	250	—	100	
铝铜合金	ZL201	ZAlCu5Mn	砂型	T4	300	8	70	内燃机汽缸头、活塞
			砂型	T5	340	4	90	
	ZL202	ZAlCu10	砂型	T6	170	—	100	高温不受冲击零件
			金属型	T6	170	—	100	
铝镁合金	ZL301	ZAlMg10	砂型	T4	280	9	60	舰船配件
	ZL303	ZAlMg5Si1	砂型金属型	—	150	1	55	氨用泵体
铝锌合金	ZL401	ZAlZn11Si7	金属型	T1	250	1.9	90	复杂仪表
	ZL402	ZAlZn6Mg	金属型	T1	240	4	70	复杂仪表

表 4.16　铸造铝合金的热处理种类及应用

符号	热处理	工艺特点	目的及应用
T1	不淬火,人工时效	金属型、压铸或精密铸造后铸件进行人工时效,时效前不淬火	改善切削加工性能
T2	退火	退火温度(290±10℃),保温 2～4 h	消除内应力和加工硬化、提高塑性
T4	淬火＋自然时效		提高强度、耐腐蚀性
T5	淬火＋不完全时效	淬火后短时间时效(时效温度较低或时间较短)	获得一定强度和良好塑性
T6	淬火＋人工时效	时效温度约 180 ℃,时间较长	获得高强度
T7	淬火＋稳定回火	时效温度比 T5、T6 高,接近工件工作温度	保持组织、尺寸稳定性
T8	淬火＋软化回火	回火温度高于 T7	降低硬度、提高塑性

(1)防锈铝合金

这类合金主要有 Al-Mn 系(LF21)和 Al-Mg 系(LF5、LF11)两类,不可以热处理强化。Mn、Mg 提高抗蚀能力,并起固溶强化作用,Mg 还可降低合金密度。防锈铝合金退火后是单相固溶体组织,抗蚀能力高,塑性好,常用于制造油箱、油管、冲压件、铆钉等零件。

(2)硬铝合金

主要合金元素为 Cu,Mg,可以时效强化。合金元素含量越高,强化效果越好。可用作骨架、螺旋桨、叶片、铆钉等结构件,但是硬铝合金的耐蚀性较差。典型代号有 LY1,LY6,LY10,LY11,LY12 等。

(3)超硬铝合金

主要合金元素为 Cu,Mg,Zn,可以时效强化。由于加入 Zn,强化相增多,时效效果更好,但耐蚀性差,主要用于飞机大梁、起落架等强度要求高的轻型构件。典型代号有 LC4,LC6 等。

(4)锻造铝合金

主要合金元素为 Cu,Mg,Si,典型代号有 LD5,LD7,LD10 等。合金元素种类多但含量少,有良好的热塑性、铸造性能和锻造性能,经固溶处理和人工时效后有较高的机械性能,主要用于承受重载荷的锻件和模锻件。

4.1.4.3　钛及钛合金

钛及钛合金具有密度低、强度高、耐高温、耐腐蚀、疲劳性能好等优点,在航空航天、机械、医疗、化工、水处理等领域有重要的应用。图 4.6 是钛合金的一些应用举例。

纯钛的密度为 4.54 g/cm³,熔点 T_m=1668 ℃。强度低、塑性好,可加工成细丝、薄片。钛有两种同素异构转变:室温～882.5 ℃为密排六方 HCP 结构;882.5℃～熔点为体心立方 BCC 结构。因此,钛合金可分为 α 型钛合金(TA),β 型钛合金(TB)和 α＋β 型钛合金(TC)三种。表 4.17 为钛及钛合金的成分、性能与应用。

(1)α 型钛合金

以 Al,Sn 为主要合金元素,室温下为 HCP 结构的单相 α 固溶体,具有良好的热稳定性、热

 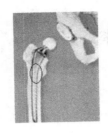 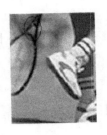

图 4.6　钛合金的一些应用举例：飞机蒙皮、人工关节、网球拍

表 4.17　钛及钛合金的成分、性能与应用

组别	代号	化学成分	室温机械性能			用　途
			热处理	σ_b/MPa	δ/%	
工业纯钛	TA1	Ti(杂质极微)	退火	300～500	30～40	在 350℃ 以下工作、强度要求不高的零件
	TA2	Ti(杂质微)	退火	450～600	25～30	
	TA3	Ti(杂质微)	退火	550～700	20～25	
α 钛合金	TA4	Ti-3Al	退火	700	12	在 500℃ 以下工作的零件，导弹燃料罐、超音速飞机的涡轮机匣
	TA5	Ti-4Al-0.005B	退火	700	15	
	TA6	Ti-5Al	退火	700	12～20	
β 钛合金	TB1	Ti-3Al-8Mo-11Cr	淬火	1100	16	在 350℃ 以下工作的零件、压气机叶片、轴、轮盘等重载荷旋转件，飞机构件
			淬火＋时效	1300	5	
	TB2	Ti-5Mo-5V-8Cr-3Al	淬火	1000	20	
			淬火＋时效	1350	8	
$\alpha+\beta$ 钛合金	TC1	Ti-2Al-1.5Mn	退火	600～800	20～25	在 400℃ 以下工作的零件，有一定高温强度的发动机零件，低温用部件
	TC2	Ti-3Al-1.5Mn	退火	700	12～15	
	TC3	Ti-5Al-4V	退火	900	8～10	
	TC4	Ti-6Al-4V	退火	950	10	
			淬火＋时效	1200	8	

强性和焊接性能，并具有良好的低温性能。强度中等，不能热处理强化，塑性较低。

（2）β 型钛合金

以 Cr, Mo, V 等为主要合金元素，可热处理强化。固溶处理后为低硬度的 β' 组织，时效时析出 α 相获得弥散强化，强度、硬度提高。β 型钛合金具有良好的塑性、加工性能及焊接性能。

（3）$\alpha+\beta$ 型钛合金

这类合金的合金元素包括 α 稳定元素 Al, Sn 和 β 稳定元素 Cr, Mo, V, Mn 等，合金元素分别溶于 α 相和 β 相中起固溶强化作用。$\alpha+\beta$ 型钛合金可热处理强化，固溶时效后具有较高强度。通过调整成分和热处理方法，可以获得各种强度水平和塑性。因此，是目前应用最为广泛的钛合金，其中又以 Ti-6Al-4V 最为常见。

4.2 无机非金属材料简介

4.2.1 陶瓷

传统的陶瓷材料指陶器(未烧结或部分烧结)和瓷器(完全烧结),也包括玻璃、搪瓷、耐火材料、砖瓦等用粘土($Al_2O_3 \cdot 2SiO_2 \cdot H_2O$)、石灰石($CaCO_3$)、长石($K_2O \cdot Al_2O_3 \cdot 6SiO_2$)、石英($SiO_2$)等天然硅酸盐类矿物制成的材料。有时也把所有的无机非金属材料统称为陶瓷。

按照组织形态,陶瓷可分为以下三类:

a. 玻璃(硅酸盐玻璃),非晶结构类陶瓷材料;

b. 微晶玻璃(玻璃陶瓷),晶体分布在非晶玻璃基体上的陶瓷材料;

c. 工程陶瓷(晶体陶瓷),包括单相晶体结构的特种陶瓷(Al_2O_3,SiC,TiC 等)和普通陶瓷。

按照应用,陶瓷分为结构陶瓷和功能陶瓷两大类。

4.2.1.1 普通陶瓷

普通陶瓷(传统陶瓷),主要原料是黏土、石英和长石。制造工艺简单、成本低廉。分为日用陶瓷和工业陶瓷两大类。日用陶瓷主要用作日用器皿,几类常用的日用陶瓷的配料、性能特点和应用列于表 4.18。工业陶瓷包括建筑卫生瓷、化学化工瓷和电工瓷等。建筑卫生瓷尺寸大,要求强度高、热稳定性好;化学化工瓷用于化工、制药、食品工业等的管道设备、耐蚀容器及实验器皿,要求耐各种化学介质腐蚀;电工瓷(高压陶瓷)指电器绝缘用瓷,要求一定的机械性能、介电性能和热稳定性。

表 4.18 各类日用陶瓷的配料、性能特点和应用举例

日用陶瓷类型	原料配比(%)	烧结温度(℃)	性能特点	主要应用
长石质瓷	长石 20~30 石英 25~35 黏土 40~50	1250~1350	洁白,半透明,不透气,吸水率低,坚硬,强度高,化学稳定性好	餐具,茶具,陈设瓷器,装饰美术瓷器,一般工业制品
绢云母质瓷	绢云母 30~50 高岭土 30~50 石英 15~25 其他矿物 5~10	1250~1450	同长石质瓷,但透明度、外观色调好	餐具,茶具,工艺美术制品
骨灰质瓷、磷灰石	骨灰 20~60 长石 8~22 高岭土 25~45 石英 9~20 黏土 40~50	1220~1250	白度高,透明度好,瓷质软,光泽柔和,但脆,热稳定性差	高级餐具,茶具,高级工艺美术瓷器
日用滑石质瓷	滑石 73 长石 12 高岭土 11 黏土 4	1300~1400	良好的透明度,热稳定性好,较高的强度和电性能	高级日用器皿,一般电工陶瓷

4.2.1.2　特种陶瓷

特种陶瓷(现代陶瓷、精细陶瓷、高性能陶瓷),包括特种结构陶瓷和功能陶瓷,如压电陶瓷、磁性陶瓷、电容器陶瓷、高温陶瓷等。表4.19为一些常用特种陶瓷的性能特点及其应用。

表 4.19　一些常用特种陶瓷的性能特点及其应用

分类	陶瓷	熔点(℃)	性能特点	应　　用
氧化物	Al_2O_3	2050	抗氧化性好,硬度高,红硬性高,电阻率高,导热率低	耐火材料,刀具,金属拔丝模,电绝缘材料,绝热材料
	ZrO_2	2715	耐高温,能抗熔融金属的侵蚀	冶炼坩埚、炉子、反应堆绝热材料,陶瓷材料增韧剂,汽车零件
	BeO	2570	导热性好,热稳定性高,强度不高,但抗热冲击性好	制造坩埚,真空陶瓷和原子反应堆陶瓷,气体激光管、晶体管散热片,集成电路的基片和外壳
	MgO	2800	能抗各种金属碱性渣的作用,热稳定性差,高温易挥发	炉衬的耐火砖
	ThO_2	3050	具有放射性,熔点和密度很高	坩埚,动力反应堆中的放热元件,电炉构件
碳化物	SiC	2600	热导率高,热膨胀系数小	加热元件、石墨表面保护层以及砂轮和磨料
	B_4C	2450	硬度极高,抗磨粒磨损能力强,熔点高,但高温下会快速氧化,并与热或熔融黑色金属反应	磨料,超硬质工具材料
氮化物	Si_3N_4	1900	硬度高,摩擦系数低,具有自润滑作用,抗氧化性好,抗热冲击性好,耐腐蚀	优良的耐磨减摩材料,高温结构材料,耐腐蚀材料
	BN(六方)	3000	硬度较低,可切屑加工,导热性、耐热性好,有自润滑作用,高温耐腐蚀,绝缘性好	高温耐磨材料,电绝缘材料,耐火润滑剂
	BN(立方)		硬度接近金刚石,抗高温氧化	金刚石代用品,耐磨切削刀具,高温模具、磨料

4.2.2　玻璃

玻璃是一种非晶态结构的无机非金属材料,在现代科学技术和日常生活中发挥着重要的作用。如民用方面的各种瓶罐、器皿、保温瓶、工艺美术品、建筑玻璃、汽车挡风玻璃、装饰玻璃等;光学上应用的透镜、滤光片、照明玻璃等;现代高科技应用的光纤、光存储、生物医用玻璃等。表4.20列出了一些工程常用玻璃的成分、性能特点及其应用。

玻璃各主要组分作用如下:

a. SiO_2,硅酸盐玻璃主要成分,构成玻璃的骨架。增加玻璃液粘度、降低玻璃结晶倾向、提高玻璃热稳定性和化学稳定性;

b. Al_2O_3,提高玻璃机械强度、降低玻璃热膨胀系数、提高玻璃热稳定性和化学稳定性、增加玻璃液粘度、降低玻璃析晶倾向、降低玻璃熔化速度；

c. CaO，加速玻璃熔化、提高玻璃化学稳定性、增加玻璃析晶倾向、高温时降低玻璃粘度有利于高速拉引玻璃，含量太大增加玻璃脆性；

d. MgO，提高玻璃化学稳定性和机械强度、降低玻璃析晶倾向、提高玻璃热稳定性；

e. Na_2O，大大降低玻璃液粘度，是制造玻璃的助熔剂。过多则降低玻璃化学稳定性和热稳定性、降低玻璃机械强度。

表 4.20　工程常用玻璃的成分、性能特点及其应用

玻璃种类	成　分						性能特点	应　用
	SiO_2	Na_2O	CaO	Al_2O_3	B_2O_3	其他		
平板玻璃	71～73	14～16	6～10	0.5～2.5			低成本	窗玻璃等广泛应用
高硅氧玻璃	96				4		抗热冲击、耐腐蚀	实验室玻璃仪器
瓶罐玻璃	70～75	13.5～17	5.5～9	1～5		4MgO	低熔点、易加工	玻璃瓶罐
玻璃纤维	55	16	15	10		4MgO	易拉丝	玻璃纤维丝
光学铅玻璃	54	1				37PbO，8K_2O	高密度、高折射率	光学棱镜等
石英玻璃	79～85	2.2～6	0.1～0.6	1.9～2.5	10.3～13		抗热冲击、耐腐蚀、高机械强度	实验室玻璃仪器、烤箱器皿
微晶玻璃	43.5	14		30	5.5	6.5TiO_2，0.5As_2O_3	易制造、抗热冲击、高机械强度	烤箱器皿

目前应用的玻璃主要是采用浮法生产的平板玻璃：温度为1100 ℃左右熔融的玻璃液流入锡槽后，依靠重力和表面张力的作用自然铺展，再经拉引成型、冷却固型后成为上下面平行光滑、光学质量高、有一定厚度的平板玻璃。对平板玻璃进行深加工，可以制得钢化玻璃、夹层玻璃、胶花玻璃、磨砂玻璃、中空玻璃等特种玻璃，满足隔热、安全、透光等特殊需要。

4.2.3　水泥、混凝土

水泥是一种能在空气、水中硬化，并将砂、石等颗粒黏结成一个整体的水硬性胶凝材料（胶凝材料是在一定物理、化学作用下，能从胶体变成坚固的石状体，并能胶接其他物料并有一定机械强度的物质的通称）。由水泥将砂、石等颗粒黏结成的一个整体，就成为混凝土，大量应用于修路铺桥等工程，如图4.7所示。建筑上用的钢筋混凝土（图4.8）是用低碳或低碳钢合金钢搭成骨架，而后浇注混凝土而成的。

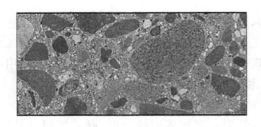

图 4.7　混凝土结构　　　　　　　　　图 4.8　钢筋混凝土结构

硅酸盐水泥由熟料、石膏和各种混合材料组成。熟料是以适当成分的生料煅烧至部分熔融,以硅酸钙为主要成分的产物,是水泥的主要组分;石膏主要是天然石膏或工业副产品石膏(工业生产中以硫酸钙为主要成分的副产品),用来调整水泥的凝结时间,对矿渣硅酸盐水泥,它是促进水泥强度增长的激发剂;混合材料有高炉矿渣、火山灰、粉煤灰、硅藻石、浮石等,它可以用来提高水泥抗水性、降低水泥成本、调整水泥标号。

硅酸盐水泥熟料的化学成分见表 4.21 所示。在煅烧过程中,这些化学组分相互间发生化学反应,最终生成表 4.22 所列的各种组成熟料的矿物相。不同的矿物相有不同的作用,通过调整这些矿物相的相对含量,可以调节水泥的一些性能,以满足不同场合的需要。

表 4.21 硅酸盐水泥熟料的化学成分

	CaO	SiO_2	Al_2O_3	Fe_2O_3	其他
简 写	C	S	A	F	
含 量/%	62~67	20~24	4~7	2.5~6	<5

表 4.22 硅酸盐水泥熟料的矿物相组成及其特点

矿物相	简写	含量/%	特 点
$3CaO \cdot SiO_2$	C_3S	50~60	水化快,早期强度高,但水化热高、抗水性较差
$2CaO \cdot SiO_2$	C_2S	20	水化慢,早期强度低,水化热小,抗水性好
$3CaO \cdot Al_2O_3$	C_3A	$C_3A + C_4AF$:	水化热高,水化迅速,硬化快,抗硫酸盐性能差
$4CaO \cdot Al_2O_3 \cdot Fe_2O_3$	C_4AF	22%	抗冲击性好,抗硫酸盐性能好,水化热低
玻璃体		<5	影响水泥稳定性

水泥的强度是评价其质量的重要指标。水化反应后,水泥的强度随时间的延长而增大。国家标准规定以 28 天抗压强度作为水泥标号,标号越大,水泥强度越高,见表 4.23。

表 4.23 各标号水泥的强度

	标号	抗压强度 /MPa			弯曲强度 /MPa		
		3d	7d	28d	3d	7d	28d
硅酸盐水泥	425R	22.0		42.4	4.0		6.5
	525	23.0		52.5	4.0		7.0
	525R	27.0		52.5	5.0		7.0
	625	28.0		62.5	5.0		8.0
	625R	32.0		62.5	5.5		8.0
	725R	37.0		72.5	6.0		8.5
普通硅酸盐水泥	325	12.0		32.5	2.5		5.5
	425	16.0		42.5	3.5		6.5
	425R	21.0		42.5	4.0		6.5
	525	22.0		52.5	4.0		7.0
	525R	26.0		52.5	5.0		7.0
	625	27.0		62.5	5.0		8.0
	625R	31.0		62.5	5.5		8.0
粉煤灰、火山灰、矿渣水泥	275		13.0	27.5		2.5	
	325		15.0	32.5		3.0	
	425		21.0	42.5		4.0	
	425R	19.0		42.5	4.0		
	525	21.0		52.5	4.0		
	525R	23.0		52.5	4.5		
	625R	28.0		62.5	5.0		

混凝土可以看作是水泥和砂石组成的复合材料。表 4.24 为常规混凝土的一些力学性能。

表 4.24　常规混凝土的力学性能

抗压强度	弯曲强度	抗拉强度	弹性模量	延伸率	断面收缩率	热膨胀系数	密度(kg/cm³)	
							普通	轻质
35 MPa	6 MPa	3 MPa	28 GPa	0.001	0.05~0.1	$10 \times 10^{-6}/℃$	2300	1800

4.3　高分子材料简介

　　自然界中有许多天然高分子材料,如橡胶、木头、竹子等等。但是,这些天然高分子材料无法满足人类的需要,现在使用最多的是人工合成的工程高分子材料,包括塑料、合成纤维、合成橡胶、胶粘剂、高分子基复合材料等。图 4.9 示意了高分子材料的一些应用。

图 4.9　高分子材料应用举例

　　和无机材料相比,高分子材料具有以下一些优缺点:低密度($0.9~3$ g/cm³);原料丰富、价廉;容易成型加工;良好的电绝缘热绝缘性;低强度、低弹性模量、低韧性(K_{IC}值低);耐热性差;易蠕变;易老化。

4.3.1　塑料

　　塑料是以一种有机合成树脂为主要组分,加入添加剂的高分子材料,通常在加热、加压条件下塑制成型,故称塑料。

4.3.1.1　组成

塑料由合成树脂和添加剂(填料、固化剂、增塑剂、稳定剂、其他添加剂等)组成。

合成树脂,即各类高分子化合物,是塑料的基本组分,占 40%～60%,对塑料性能起决定作用,同时也起粘结剂作用。

填料起塑料改性作用,占 20%～50%。例如,加入石墨、石棉纤维、玻璃纤维等提高机械性能;加入石棉粉提高耐热性;加入云母粉提高绝缘性;加入 MoS_2 提高自润滑性;加入 Al 粉提高对光的反射能力等。

固化剂是通过交联使树脂具有体型结构、成为坚硬和稳定的塑料的物质。如,酚醛树脂中加六亚甲基四胺;环氧树脂中加乙二胺、顺丁烯二酸酐等。

增塑剂是液态或低熔点的固体有机化合物,用以提高树脂可塑性和柔性。如聚氯乙烯树脂中加入邻苯二甲酸二丁酯,可变为软塑料。

稳定剂是为防止受热、光等作用使塑料过早老化,加入少量就能起稳定化作用的物质。如抗氧化的酚类、胺类有机物,吸收紫外线的碳黑等。

除了以上一些主要添加剂,塑料中还添加润滑剂、着色剂、阻燃剂、抗静电剂、发泡剂等其他添加剂。

4.3.1.2 分类

按照树脂性质不同,塑料分为热塑性塑料和热固性塑料。

（1）热塑性塑料

加热时软化并熔融,可塑造成型,冷却后成型并保持形状,这个过程可反复进行。热塑性塑料的优点是加工成型简单,具有较高的机械性能;缺点是耐热性和刚性较差。

（2）热固性塑料

初次加热时软化,可塑造成型,冷却固化后再加热不再软化,也不溶于溶剂。热固性塑料的优点是耐热性好,受压不易变形;缺点是机械性能不好。

按照用途不同,塑料分为通用塑料、工程塑料和耐热塑料等。

（1）通用塑料

应用范围广、生产量大的塑料,是工农业生产和日常生活不可或缺的廉价材料,包括聚氯乙烯、聚苯乙烯、酚醛塑料、氨基塑料等。

（2）工程塑料

综合性能（机械性能、耐热耐寒性、耐腐蚀性、绝缘性）良好的塑料,包括聚酰胺、聚甲醛、ABS 塑料、聚碳酸酯等。

（3）耐热塑料

较高温度（几十摄氏度,最高 250℃）下工作的塑料,包括聚四氟乙烯、有机硅树脂、环氧树脂、聚三氟氯乙烯等。

4.3.1.3 常用塑料简介

（1）热塑性塑料

表 4.25 列出了聚烯烃类热塑性通用塑料的单体及其应用。这些塑料占世界塑料消费的 85%。

聚乙烯由乙烯单体聚合而成。根据合成方法不同,分为高压、中压和低压聚乙烯。高压聚乙烯的分子链支链多,相对分子量、结晶度和密度较低,质地柔软。中低压聚乙烯质地刚硬,耐磨性、耐蚀性及绝缘性好。

表 4.25 聚烯烃类热塑性通用塑料的单体及其应用

塑料	聚乙烯（PE）	聚氯乙烯（PVC）	聚苯乙烯（PS）	聚丙烯（PP）
单体	H H —C—C— H H	H H —C—C— H Cl	H H —C—C— H ◯	H H —C—C— H CH₃
应用举例	电线绝缘层，软管，塑料瓶，塑料薄膜，塑料绳，塑料板，一般机械零件等	瓶，管道，阀门，电缆绝缘层，玩具，雨衣，化工槽，塑料薄膜等	包装泡沫，灯罩，电工仪表零件，高频绝缘材料，化工储槽，管道，一般构件等	地毯纤维，绳索，塑料容器（杯、桶、箱），管道，一般机械零件等

聚丙烯由丙烯单体聚合而成。和聚乙烯相比，由于分子链上有侧基—CH₃，不利于分子的规则排列和柔性，强度、弹性、硬度等机械性能提高。

聚氯乙烯由乙炔气体和氯化氢合成氯乙烯，再聚合而成。由于分子链中存在极性氯原子，增大了分子间作用力，阻碍单链内旋转，减小了分子链间距，因此，刚度、强度、硬度也比聚乙烯高。

聚苯乙烯由苯乙烯单体聚合而成。由于侧基有苯环，分子间移动的阻力增大，结晶度降低，有较大的刚度。

其他一些常见热塑性塑料的性能特点及应用列于表 4.26。

表 4.26 其他常见热塑性塑料

名 称	性能特点	应 用
聚酰胺 （PA，尼龙）	耐冷热、耐磨、耐溶剂、耐油、强韧；易吸湿膨胀	轴承、齿轮、叶片、衬套
聚对苯二甲酸丁二醇酯 （PBT，涤纶）	流动性、延展性好；成型收缩率大，尺寸稳定性差	吹塑、薄膜制品
聚四氟乙烯 （PTFE，塑料王）	摩擦系数小、化学稳定性好、耐腐蚀、耐冷热、良好电绝缘性	阀门、管接头、护套、衬里等
聚甲基丙烯酸甲酯 （PMMA，有机玻璃）	透光率高（92%），机械性能好，不易老化，较脆，易溶于有机溶剂	风挡、舷窗、电视、雷达屏幕仪表护罩、外壳、光学元件等
ABS 塑料	耐热、耐冲击；耐腐蚀性差	汽车、家电、管道、玩具、电器等制品
聚甲醛（POM）	耐热、耐疲劳、耐磨；成型尺寸精度差	轴承、齿轮、叶片等
氯化聚醚（CPS）	耐腐蚀、耐磨、电气性能好	泵、阀门、轴承、管道、齿轮等

（2）热固性塑料

（a）酚醛塑料

由酚类（如苯酚）和醛类（如甲醛）缩聚合成酚醛树脂，再加入添加剂而制得的高聚物。按制备条件不同，有热塑性和热固性两类。热固性酚醛树脂常以压塑粉（俗称胶木粉）的形式供应。酚醛塑料的强度、硬度较高，耐磨性好，绝缘性好，耐热、耐腐蚀，广泛应用于制作各种电讯器材、电木制品，如插头、开关、电话机、仪表盒等。

（b）环氧塑料

环氧树脂加入固化剂后形成高聚物,环氧树脂中的活泼的环氧基团与固化剂发生交联反应,形成体型结构,一般以铸型方式成型。环氧塑料强度高、韧性好,尺寸稳定性好,有优良的绝缘性能。耐热耐寒,可在$-80\sim155℃$温度范围内长期工作。可用来制作塑料模具、精密量具,电器封装等。

4.3.2 合成纤维

以石油、天然气、煤和石灰石等为原料,经提炼和化学反应合成高分子化合物,再将其熔融或溶解后纺丝制得的纤维称合成纤维。合成纤维具有比天然纤维和人造纤维更优越的性能,如强度高、密度小、弹性好、耐磨、耐酸碱腐蚀、不霉烂、不怕虫蛀等。表 4.27 列出了六种主要合成纤维的性能及用途。

表 4.27 六种主要合成纤维的性能及用途

化学性能		聚酯纤维	聚酰胺纤维	聚丙烯腈	聚乙烯醇	聚丙烯	聚氯乙烯
商品名称		涤纶(的确良)	锦纶(人造毛)	腈纶	维纶	丙纶	氯纶
产量(占合成纤维百分数)		>40	30	20	1	5	1
强度	干态	中	优	优	中	优	优
	湿态	中	中	中	中	优	中
密度(g/cm³)		1.38	1.14	1.14~1.17	1.26~1.30	0.91	1.39
吸湿率(%)		0.4~0.5	3.5~5	1.2~2.0	4.5~5.0	0	0
软化温度(℃)		238~240	180	190~230	220~230	140~150	60~90
耐磨性		优	最优	差	优	优	中
耐日光性		优	差	最优	优	差	中
耐酸性		优	中	优	中	中	优
耐碱性		优	优	优	优	优	优
特点		弹性好挺刮,强度高耐冲击,耐疲劳,染色性差,不透气	弹性好,强度高,结实耐用,弹性模量低,易变形	蓬松耐晒	成本低,弹性抗皱性差	轻,坚固,易洗快干	不易燃
应用举例		运输带,传动带,帆布,渔网,绳索,轮胎子午线,电器绝缘材料	纺织品,降落伞,渔网,轮胎子午线	毛线,膨体纱,帐篷,幕布,船帆,衣料	帆布,包装材料,输送带,背包,床单,窗帘	衣料,地毯,工作服,包装薄膜,医用纱布,手术衣,渔网等	劳保用品,绝缘布,窗帘,地毯,渔网,绳索

4.3.3 橡胶

橡胶是一种具有极高弹性的高分子材料,弹性达 $100\%\sim1000\%$,弹性模量小,电绝缘性能好,有一定耐磨性。常用作弹性材料、密封材料、减震防震材料和传动材料。

橡胶高弹性来源于其高分子结构。如图 4.10 所示,橡胶的高分子链存在一定数量的双键,容易内旋转,因而具有一定的柔顺性。大分子链的形态呈细长线缠绕或卷曲的线团状,在外力作用下,大分子链逐渐伸直;去除外力后,大分子链又恢复卷曲。当外力过大时,大分子链之间发生相对滑动,橡胶会发生永久变形,失去高弹性。因此,对橡胶的要求有:1)大分子链呈卷曲线团状,并随外力作用伸展或回缩;2)大分子链之间有一定程度的交联,保证在一定外力作用下不发生滑动。

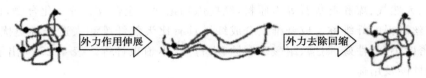

图 4.10　橡胶高弹性来源示意图

橡胶制品由生胶(制胶用高聚物)经塑炼后(处于塑性状态)加入各种配料,经过混炼成型、硫化处理而成。主要配料有:

a.硫化剂,起硫化作用的物质,如硫磺、含硫化合物、硒、过氧化物等。通过化学反应,使橡胶高分子形成立体网状结构,变塑性生胶为弹性胶(硫化)。

b.硫化促进剂,胺类、硫脲类物质,降低硫化温度、加速硫化过程。

c.补强填充剂,碳黑、陶土、碳酸钙、硫酸钡、氧化硅、滑石粉等,加入橡胶中以提高机械性能,改善加工工艺性能,降低成本。

d.其他添加剂,防老化剂、增塑剂、着色剂、软化剂等。

根据来源,橡胶分为天然橡胶和合成橡胶两大类。

天然橡胶由橡胶树的胶乳,经凝固干燥后,加压制成生胶,再经硫化处理后制成。天然橡胶弹性模量为 3~6 MPa,延伸率为 100%~1000%,耐磨性、耐碱腐蚀性和电性能好,但耐油和耐氧化性差。

合成橡胶是利用人工方法将单体聚合而成的橡胶,包括丁苯橡胶、氯丁橡胶、顺丁橡胶、丁腈橡胶、硅橡胶、氟橡胶等。其中,丁苯橡胶由丁二烯与苯乙烯共聚而成,是合成橡胶中产量最大的一类,广泛应用于轮胎、胶带、胶管制造业中;氯丁橡胶主要用于制造耐油制品和耐腐蚀制品,如胶管、胶带、耐热输送带等;顺丁橡胶多用于制造胶带、绝缘制品;丁腈橡胶主要用于制造耐油和耐燃制品,如输油管、油封圈、密封圈等。

4.3.4　胶粘剂

胶粘剂是通过粘附作用,使同质或异质材料连接在一起,并在粘结面上有一定强度的物质,通常由基料和添加剂组成。常用胶粘剂有树脂型、橡胶型和混合型三种。

(1)树脂型

(a)热塑性树脂胶粘剂:以线型热塑性树脂为溶剂配制成溶剂或直接通过熔化方式进行胶接。使用方便,易保存,有柔韧性,耐冲击,初粘力大,但耐溶剂性和耐热性差、强度和抗蠕变性能低。如硝酸纤维素、聚醋酸乙烯酯、酸性酚醛树脂、丙烯酸酯(502)、聚胺酯等。

(b)热固性树脂胶粘剂:以多官能团的单体或低分子预聚体为基料,在一定固化条件下,通过化学反应,交联成体型结构的胶层进行胶接。粘接强度高、有良好的耐热性、耐溶剂性和抗蠕变性。缺点是初粘力小,固化时容易产生体积收缩和内应力,以致需加入填料来弥补这些缺陷。如环氧树脂。

(2)橡胶型胶粘剂

以丁苯、氯丁、丁腈、丁基等合成橡胶或天然橡胶为基料配制而成。具有高的剥离强度和优良的弹性,但拉伸强度和剪切强度较低。

(3)混合型胶粘剂

基料是不同种类的树脂或橡胶。如酚醛-丁腈、酚醛-缩醛等。

选择胶粘剂必须考虑被粘接材料的种类、使用环境和用途等各种因素。

4.4　复合材料简介

4.4.1　复合材料的组成及分类

复合材料由两种或两种以上物理、化学性质差异较大的材料组成,它综合各组成材料的优势、克服各自缺点。复合材料的运用伴随着人类发展的历史。例如,古代人们用草和泥土混合的材料建造房子;现代则使用钢筋混凝土结构。木头是一种典型的复合材料,它是微纤维增强木质素。人体骨头也是一种复合材料,即羟基磷灰石纳米微晶增强蛋白质胶原质。复合材料在现代工业,特别是航空业上有广泛的应用。

复合材料由两种相组成:

a.基体,可以是金属、陶瓷或高分子材料,作用是传递载荷、保护增强体。按照基体材料不同,复合材料可以分为金属基复合材料、陶瓷基复合材料、高分子基复合材料等。

b.增强体,也可以是金属、陶瓷或高分子。按形状分类,有纤维(长纤维、短纤维)、颗粒、层片等。在复合材料中起承受载荷作用。按照增强体形态分类,复合材料有颗粒增强复合材料、纤维增强(包括长纤维增强、短纤维增强)复合材料等。图 4.11 示意了几种复合材料中增强体的形态分布。

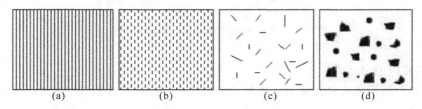

(a)　　　　　(b)　　　　　(c)　　　　　(d)

图 4.11　复合材料中增强体的几种分布方式:长纤维定向排列(a)、短纤维定向排列(b)、短纤维随机排列(c)、颗粒增强(d)

4.4.2　复合材料的性能

复合材料综合了增强体高强度、高刚度和基体高塑性、高韧性的优势,具有以下性能特点:

a.高比强度、比弹性模量:复合材料的增强体一般选择高强度、高硬度、高弹性模量的材料,能承受大部分的外加载荷,因此,与整体基体材料相比,强度高、刚度大。同时,复合材料密度较低,因而有高的比强度、比弹性模量;

　　b.高耐磨性、减摩性:主要得益于增强体的高硬度或减摩性;

　　c.高冲击韧性、高疲劳性能:高韧性基体可以有效地阻碍裂纹的扩展;

　　d.高温性能良好。

复合材料的力学性能和下列因素有关:

　　a.增强体成分、形貌、体积分数、分布;

　　b.基体性能;

　　c.基体和增强体的界面结合强度。

图 4.12 显示,复合材料的拉伸应力～应变曲线介于基体和增强体之间。

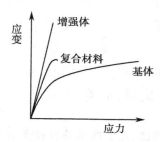

图 4.12　复合材料力学性能与基体、增强体之间的关系

　　根据图 4.13 所示的模型,复合材料的弹性模量可以用基体、增强体的弹性模量简单计算而得:

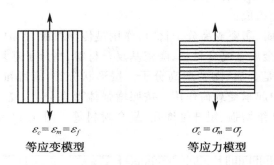

$\varepsilon_c = \varepsilon_m = \varepsilon_f$　　　　　　　　　　$\sigma_c = \sigma_m = \sigma_f$

等应变模型　　　　　　　　　　　　**等应力模型**

图 4.13　复合材料力学性能计算的两种模型

（1）等应变模型

　　假设基体和增强体在外加载荷 σ 作用下产生的应变相同,并假设外加载荷由基体和增强体分别承受,即

$$\sigma_c = V_m \sigma_m + V_f \sigma_f \qquad\qquad 4\text{-}1$$

根据虎克定律,$\sigma = E\varepsilon$,因此,

$$E_c \varepsilon_c = V_m E_m \varepsilon_m + V_f E_f \varepsilon_f \qquad\qquad 4\text{-}2$$

式中,V_m、V_f 分别为基体和增强体的体积百分数,$V_m + V_f = 1$。下标 c,m,f 分别表示复合材料、基体和增强体。由于 $\varepsilon_c = \varepsilon_m = \varepsilon_f$,可得:

$$E_c = V_m E_m + V_f E_f \qquad\qquad 4\text{-}3$$

由式 4-3 可以简单估算复合材料的弹性模量,称混合律。计算所得的结果是复合材料实际弹性模量的上限。

(2)等应力模型

假设在外加载荷 σ 作用下,基体和增强体承受的载荷相等而产生的应变不同,即

$$\sigma = \sigma_c = \sigma_m = \sigma_f \qquad 4\text{-}4$$

假设

$$\varepsilon_c = V_m \varepsilon_m + V_f \varepsilon_f \qquad 4\text{-}5$$

根据虎克定理,$E = \sigma/\varepsilon$,因此,式 4-5 两边都除以 σ,易得,

$$\frac{1}{E_c} = \frac{V_m}{E_m} + \frac{V_f}{E_f} \qquad 4\text{-}6$$

由式 4-6 计算所得的结果是复合材料实际弹性模量的下限。实际复合材料的弹性模量值都落在式 4-3,4-6 计算值之间。图 4.14 是根据式 4-3,4-6 计算的碳纤维增强环氧基复合材料(一种玻璃钢)的弹性模量。

各向异性复合材料,特别是长纤维增强复合材料的抗拉强度与载荷方向密切有关。如图 4.15 所示,外加载荷方向与长纤维方向一致时,复合材料的抗拉强度最大;外加载荷方向与长纤维方向垂直时,复合材料的抗拉强度最低。

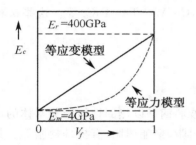

图 4.14　碳纤维增强环氧基复合
材料(玻璃钢)弹性模量

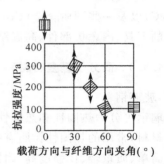

图 4.15　长纤维增强复合材料抗拉强度
与载荷方向之间的关系

4.4.3　一些复合材料简介

4.4.3.1　金属基复合材料

(1)颗粒增强金属基复合材料

这类复合材料的基体金属有 Cu,Al,Ti,Fe,Mg 或它们的合金。为了提高这些材料的强度、耐磨性及高温力学性能,在这些基体上添加各类硬的陶瓷颗粒(如 SiC,TiC,WC,Al_2O_3,ZrO_2,TiB_2,TiN,BN,Si_3N_4 等)或金属间化合物颗粒(如 Al_3Ti,Ni_3Ti 等)。图 4.16 显示了 MgO 颗粒增强 Ni 基复合材料的显微组织。这类材料广泛应用于航空航天、军工、汽车等工业。

(2)纤维增强金属基复合材料

目前用作增强相的有碳化硅纤维、氧化铝纤维、碳纤维、硼纤维以及一些高强度的金属纤

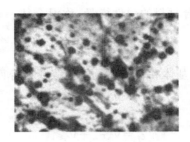

图 4.16　MgO 增强 Ni 基复合材料的显微照片

维等。这类材料具有比强度高、比弹性模量高、耐高温等优点,适用于航天飞机主舱骨架、支柱、发动机叶片、尾翼、汽车构件、活塞连杆、自行车车架等。

4.4.3.2　陶瓷基复合材料

在陶瓷基体上添加适当的其他陶瓷颗粒、玻璃纤维或金属材料,可以有效地提高陶瓷的韧性。目前开发的陶瓷基复合材料有颗粒增韧陶瓷(TiC/Al_2O_3,TiC/Si_3N_4)、相变增韧陶瓷(MgO/ZrO_2,Y_2O_3/ZrO_2,Al_2O_3/ZrO_2),晶须增韧陶瓷(Al_2O_3/SiC)、纤维增韧陶瓷(硼硅玻璃纤维/SiC)以及一些硬质合金(Co/SiC,$Ti\text{-}Co/WC$,$Co/WC\text{-}TiC\text{-}TaC$)等。这些材料可应用于高速切削刀具、内燃机部件、高温结构件等。

4.4.3.3　高分子基复合材料

(2)玻璃钢

玻璃钢可分为热固性和热塑性两类。热固性玻璃钢是以热固性树脂为基体的玻璃纤维增强复合材料,常用的热固性树脂有酚醛树脂、环氧树脂、聚酯树脂、有机硅树脂等。其主要优点是工艺简单、质量轻、比强度高、耐蚀性好。热塑性玻璃钢以尼龙、ABS 塑料、聚苯乙烯等热塑性树脂为基体,用玻璃纤维强化,强度不如热固性玻璃钢,但成型性更好。玻璃钢可用于化工装置、仪表壳、隔热板等。

(2)碳、硼纤维增强树脂复合材料

碳纤维比玻璃纤维有更高的强度、弹性模量、高温性能、化学稳定性、导电性和减摩性等。硼纤维的比弹性模量是玻璃纤维的 5 倍。碳纤维增强环氧树脂、酚醛树脂和聚四氟乙烯等的性能普遍优于玻璃钢。硼纤维增强环氧树脂、聚酰胺树脂等复合材料的抗压强度、剪切强度、疲劳强度、弹性模量等高,耐辐射,导热。这些材料在各领域得到广泛应用,但价格高。

4.5　功能材料简介

与结构材料相对应,功能材料指具有优良的光学、电学、磁学、声学、热学、力学、化学和生物学功能及其相互转化的功能,被用于非结构目之高技术材料,大量应用于电子、信息、能源、医学、核工业、军工等领域。功能材料应用时利用的材料的"功能",可以分为一次功能和二次功能。

材料的一次功能主要有:

    ＊ 光学——折光、反光、吸光、分光、聚光、透光、遮光、偏振

    ＊ 电学——导电、超导、绝缘、电阻、半导体、介电

    ＊ 磁学——软磁、硬磁

    ＊ 声学——吸音、隔音

    ＊ 热学——隔热、传热、蓄热、吸热

    ＊ 化学——催化、吸附、生物化学反应、气体吸附

    ＊ 其他——放射性、电磁波特性（隐身材料）

二次功能指材料输入和输出的能量属于不同形式，材料起能量转换的功能。主要有：

    ＊ 光能～其他形式能量——光化学反应、光分解反应、感光反应、光生伏特效应、光导电效应、光致伸缩效应等

    ＊ 电能～其他形式能量——电磁、电热、热电、光电、电光、场致发光、电化学等

    ＊ 磁电能～其他形式能量——热磁、光磁等

    ＊ 机械能～其他形式能量——压电效应、电致伸缩效应、磁致伸缩效应、光压效应、声光效应、形状记忆效应、热弹性效应等

以下介绍一些工程上常用的功能材料。

4.5.1　力学功能材料

4.5.1.1　减振材料

噪音、水污染和空气污染是人类的三大公害。噪音和振动可以通过减振材料加以吸收和隔绝。减振材料的减振功能通过材料的内耗实现。

所谓内耗，是材料将机械能转化为热能的能力。引起材料内耗的原因很多，如材料内原子扩散、位错运动、晶界和相界等各种界面的移动等。因此，材料内部界面积越大，位错密度越高，内耗越大，减振性能越好。

橡皮、塑料、沥青等非金属基减振材料内耗高，但强度太低。因此，一般用于设备和机械上。达到减振和防止噪音目的的减振材料为金属基的，称为减振合金。常用的减振合金有以下几类：

a. 复相型，如灰口铸铁、轧制球墨铸铁、Al-Zn 超塑性合金等。通过铸铁内石墨的粘性和塑性变形而产生减振效果。车床床身都采用灰口铸铁制造，一方面有良好的减摩性能，另一方面有良好的减振性能。

b. 铁磁型，如消振合金 Fe-12Cr-3Al，基欧大隆依合金 Fe-15Cr-2Mo-0.5Ti，NIVCO-10 合金 Co-23Ni-1.9Ti-0.2Al 等。这类材料内部磁畴在外力作用下发生消长和磁致伸缩，各磁畴互相联结、相互牵制，产生不可逆变形，引起能量损耗。此外，磁畴消长引起微区磁化方向改变，产生涡流，也引起能量损耗。

c. 位错型，如 K1X1 合金 Mg-0.6Zr 等。在组织中有质点存在，对位错起钉扎作用，在外力作用下位错作不可逆往复运动，引起能量损耗。K1X1 合金密度低，减振性能好，常用来做火箭上设备保持架等。

d. 共格界面型，如 NiTi、颂奈斯都合金 Cu-37Mn-4Al-1.5Ni，普隆台瓦斯合金 Cu-16Zn-8Al 等。外力作用下，共格界面发生不可逆移动而引起内耗。

e. 其他，如多孔铸铁、减振钢板、晶间腐蚀型不锈钢等。人工引入各种界面，在外力作用下界面相对滑动摩擦而消耗能量。

4.5.1.2　恒弹性合金

一般材料随温度升高，原子间结合力变弱，弹性模量降低。但是，有一些因素可以引起材料弹性模量～温度之间的反常关系，即弹性模量随温度的升高而变化不大或有所增加的现象，称为埃林瓦（Elinvar）效应。具有埃林瓦效应的合金称恒弹性合金。引起埃林瓦效应的原因有：

a. 相变（包括有序化），温度升高时一些材料发生相变（包括有序化），材料的原子间距发生变化。例如，Fe 加热到 912 ℃时发生体心立方向面心立方转变；Co 加热到 480℃时由六方晶系转变为立方晶系等。这类因素引起的埃林瓦效应在较窄的温度范围内完成，因此难以实用化。

b. 铁磁性材料，低于居里温度下，铁磁性材料的弹性模量 E 比无磁状态下的相应值 E_0 低一定值，即 $E=E_0-\Delta E$。在低于居里温度范围内温度上升时，E_0 随温度升高而降低，但此时，由于材料铁磁性减弱，ΔE 随温度升高而降低的幅度更大，因此，总体上，材料的弹性模量 E 随温度升高而反常增大。ΔE 是铁磁性材料在退磁状态和磁饱和状态下的弹性模量的差值，由磁致伸缩、磁交换能等因素贡献。

c. 钉扎效应，一些顺磁性材料，温度上升形成柯垂耳气团（Cottrell，溶质原子在位错周围的聚集），在一定范围内对弹性模量的变化起限制作用。

恒弹性合金广泛应用于声学电学仪器中的标准频率发生元件、精密灵敏弹性元件、钟表游丝、热膨胀系数温度补偿等。经典的恒弹性合金为埃林瓦合金 Fe-36Ni-12Cr。为提高强度和使用温度，可以在埃林瓦合金中添加 C，Fe，W，Cr，Mo，V 等形成碳化物强化型埃林瓦合金；添加 Ti，Nb，Al，Be 等形成金属间化合物强化型合金埃林瓦合金；或添加 Co 提高居里温度获得高温埃林瓦合金。

热膨胀系数接近于零的合金称因瓦（Invar）合金，应用于要求材料不发生热胀冷缩的场合。

4.5.2　电功能材料

4.5.2.1　导电材料

导电材料是用以传输电流而本身电流损失很小的材料，分强电应用和弱电应用。前者如电力工业用电线、电缆等，要求阻抗损失小；后者在电子工业中用以传送弱电流。导电材料的总体要求是电阻率低、一定的力学性能、抗腐蚀性能好、工艺性好、价格低廉。

导电材料的导电性常用相对电导率 IACS（％）表征，即以国际标准软铜（电阻率为 1.7241 $\mu\Omega \cdot m$）的电导率为 100％，其他材料电导率与之相比的百分值。常见导电材料的相对电导率排列如下：Ag 106　Cu 100　Au 71.6　Al 61.0　Ni 24.9　Fe 17.2。

（1）铜和铜系导电材料

常用的电解铜，纯度 99.97％～99.98％，含少量会降低电导率的金属杂质和氧。根据电导率分为半硬铜（98％～99％）、硬铜（96％～98％）和无氧铜（OFHC）。OFHC 性能稳定，抗蚀、韧性好、抗疲劳,适合于制造海底同轴电缆的外部软线,也用于太阳能电池。

(2)铝和铝系导电材料

纯度 99.6%～99.8%,相对电导率 61%。常用的铝线为硬铝(HAl)线,用于送电线、配电线等。160 kV 以上的高压线用钢丝增强的铝电缆、合金增强的铝线和全铝合金铝导线。

4.5.2.2 电阻材料

电阻材料包括精密电阻材料和电阻敏感材料,应用于电热元件、发光元件、传感器敏感元件、回路用电阻元件等。电阻材料的要求因用途不同而异。如回路电阻要求电阻温度系数小(电阻率随温度变化小)、阻值稳定(随时间变化小)、适当的电阻率、加工连接容易等。

电阻敏感材料指通过电阻的变化来获取系统中信号的材料,如应变电阻、热敏电阻、气敏电阻等。

(1)精密电阻合金

主要有 Cu-Mn,Ni-Cr,Cu-Ni,Fe-Cr-Al,贵金属(Pt,Au,Pd,Ag)等。一些精密电阻合金的成分和电阻率见表 4.28 所示。

表 4.28 一些精密电阻合金的成分和电阻率

合　　金	成　　　　　分	电阻率($\mu\Omega \cdot m$)
锰铜 BMn3-12	86Cu-12Mn-2Ni	0.42～0.48
新锰铜	67Mn-33Cu	1.88
康铜 BMn40-1.5	58.5Cu-40Ni-1.5Mn	0.49
新康铜	82.5Cu-12Mn-1.5Fe	0.54
银锰	Ag-7Mn-1.5Sn	0.47
德银 BZn 15-20	65Cu-15Ni-20Zn	0.55
伊文 6J22	Ni-20Cr-3Al-2Mn-2Cu-0.3Zr	1.37
卡玛 6J23	Ni-20Cr-3Al-2Mn-0.5Re	1.33
改良 Fe-Cr-Al	75Fe-20Cr-5Al	1.35

(2)电热合金

电热合金主要用作电热器,如各种加热炉的电热丝等,要求有较高电阻率、低电阻温度系数、高温时良好的抗氧化性、高温强度好、易拉丝。表 4.29 为常见电热合金的成分、电阻率和最高工作温度。

表 4.29 常见电热合金的成分和性能

合　　金	成　　　分	电阻率($\mu\Omega \cdot m$)	最高工作温度(℃)
镍铬 6J20	76.5Ni-21.5Cr-1.5Mn-0.5Fe	1.11	1100～1150
镍铬铁 Ni70Cr20Fe8	70Ni-20Cr-2Mn-8Fe	1.11	1050～1150
镍铬铁 6J15	58Ni-16.5Cr-1.5Mn-24Fe	1.10	1050～1150
镍铬铁 6J30	51Ni-31.5Cr-2.5Mn-15Fe	1.08	1200～1250
铁铬铝 Cr13Al4	81Fe-13.5Cr-4.5Al-1Si	1.26	850
铁铬铝 Cr25A5	69.5Fe-25Cr-5.5Al	1.40	1250
铁铬铝 Cr65A9	24Fe-66.5Cr-9.5Al	2.10	1500
康太尔 Kanthal	68.8Fe-23Cr-6.2Al-2Co	1.45	1350

(3)电触点材料

电触点材料应用于载流弹性元件,如插座、继电器用弹簧等,性能要求有高弹性、低电阻率、无磁性、无冲击火花、耐热、耐蚀、耐磨等。常见电触点材料有铍青铜(Cu-Be 合金:QBe1.7,QBe1.9,QBe2,QBe2.15),Cu-Ni-Sn 合金(Cu-9Ni-6Sn,Cu-15Ni-8Sn 等),Co-Ni 合金(Co-(27-29)Ni-(4.8-5.2Nb)-0.03Ti-0.003B),张丝合金(Pt-Ag 合金,Pt-30Pd-10Ag 合金,Re-47Mo 合金)以及 Ag-0.28Mg-0.18Ni(美国),Ag-(0.05-0.4)Mg-(0.05-0.4)Ni-(0.05-1)Zr(日本),Ag-(0.05-0.4)Mg-(0.05-1)Zr(前苏联)等。

(4)超导材料

超导材料的发展经历了金属—金属间化合物—金属氧化物的过程。目前已发现有超导电性的金属 28 种,其中过渡族元素 18 种。表 4.30 列出了一些超导材料的临界超导温度。尽管氧化物超导材料的临界温度最高,但由于脆性大,不容易加工。金属间化合物超导材料,如 Nb_3Sn,具有较高的超导临界温度,同时,有一定的塑性,可加工,因此,在目前应用较多。

表 4.30 一些超导材料的临界超导温度

材料	$T_c(K)$
第 I 类超导体,金属	
W	0.015
Al	1.18
Sn	3.72
第 II 类超导体,金属/金属间化合物	
Nb	9.25
Nb_3Sn	18.05
GaV_3	16.8
第 II 类超导体,氧化物	
$(La,Sr)_2CuO_4$	40
$YBa_2Cu_3O_{7-x}$	93
$TlBa_2Ca_3Cu_4O_{11}$	122

超导材料可应用于制造高磁场超导磁体,可用于电源变压器、医用核磁共振、粒子加速器、磁悬浮列车、舰船推进发动机等,提供强磁场,或制作高灵敏度的电子器件。

4.5.3 磁性材料

自然界的物质的磁性可分为顺磁性、抗磁性和铁磁性三大类。具有铁磁性的金属只有Fe、Co、Ni 三种。磁性材料是工程实际意义上具有较强磁性的材料,主要是铁氧体和铁磁性材料,广泛应用于电机、变压器铁芯,磁盘、磁带等存储装置,以及通信、无线电、电器(继电器、接触器、音响等)和各类电子装置中。根据矫顽力大小,工程上常用磁性材料可分为软磁材料和硬磁材料。

4.5.3.1 软磁材料

软磁材料主要用于制造发电机、电动机、变压器、电磁铁、各类继电器、磁头、磁记录介质、计算机磁芯等,一般要求有高饱和磁感应强度 B_s,高磁导率 μ,适当高的居里温度 T_c,低磁滞损耗(高电阻率)、低矫顽力 H_c 等。

常用的软磁材料有：

（1）电工纯铁、低碳电工钢

纯铁有高的饱和磁感应强度（$B_s=2.17$ T）。低碳电工钢是含碳量低于 0.04 wt％的 Fe-C 合金。工业应用的低碳电工钢名称为电铁（代号 DT），主要牌号有 DT_1，DT_2，…，DT_8。

纯铁的一些磁学性能如磁导率和矫顽力对杂质十分敏感，且随使用时间的延长，由于 Fe 中的 N 逐渐与 Fe 形成氮化物，磁导率下降，矫顽力上升。此外，纯铁的电阻率低，用于变压器铁芯时会引起很大的涡流损耗。

（2）硅钢（矽钢片）

矽钢片是 Fe-（0.5～0.65 wt％）Si 合金，C 含量低于 0.015 wt％。Si 的加入可以提高材料的最大磁导率，增大电阻率，并显著增加磁性稳定性。但是，过量 Si 会使材料变脆，并降低一些磁性能，如居里温度下降，饱和磁感应强度降低。

矽钢片包括热轧矽钢片、冷轧无取向矽钢片、冷轧取向矽钢片等。冷轧取向矽钢片中，晶粒整齐排列，从而使轧制方向上具有高磁导率和低损耗，主要用于变压器铁芯。

（3）Fe-Co 合金

纯铁中加入钴，饱和磁感应强度 B_s 显著提高，当 Co 含量为 40 wt％时，B_s 达到最大值，约为 2.4 T。同时，在合金中添加少量 V，Cr 以提高电阻率。工业上实际应用的 Fe-Co 合金有 Fe-35Co-1V，Fe-35Co-1Cr，Fe-48Co-2V（牌号 1J22）。

Fe-Co 合金适用于小型化、轻型化以及有较高要求的仪器仪表制造。但电阻率偏低，不适合于高频场合应用。此外，合金中含大量的稀有金属 Co，价格昂贵。

（4）坡莫合金（Permalloy）

坡莫合金即 Fe-Ni 合金，1913 年出现，迄今已有 70 多种成分品种，300 多种商品牌号。Fe 中添加 Ni 后，磁导率增加，饱和磁感应强度下降。合金中 Ni 含量范围为 Fe-（35～90）wt％ Ni，通过调整 Ni 含量和添加第三、四组元，或采用特殊处理（如磁场热处理、控制晶粒取向、控制有序度等），可以获得高导磁合金、高起始磁导率合金、高矩形比合金、恒导磁合金、高硬度高导磁合金（硬坡莫合金）等。

在 Fe-79 wt％ Ni 二元合金中添加少量 Mo 或 Cu 取代 Fe，可以提高合金的电阻率和居里温度，但饱和磁感应强度略有下降。这类合金称超坡莫合金，有 Fe-（4～6）wt％ Mo-79 wt％ Ni、Fe-5 wt％ Cu-4 wt％ Mo-77 wt％ Ni 等。

Fe-2 wt％ Mo（或 Mn）-65 wt％ Ni 合金经真空熔炼后、冷轧到一定厚度，并经纵向磁场热处理，即在温度低于该合金的居里温度（600 ℃）下施加一定强度的磁场，磁场方向与轧制方向平行，可获得具有矩形磁滞回线的合金，称高矩形比合金，其剩余磁感应强度与饱和磁感应强度之比为 0.95。

恒导磁合金的磁导率在相当大的磁场范围内恒定，其特点是剩余磁感应强度 B_r 低、最大磁导率 μ_m 与起始磁导率 μ_i 值接近，$\mu_m/\mu_i\leqslant1.10$。如 Fe-1 wt％ Mn-65 wt％ Ni 合金，真空熔炼，冷轧至 0.02～0.08 mm 的薄带，经横向磁场热处理，即在温度低于该合金的居里温度下施加一定强度的磁场，磁场方向与轧制方向垂直，可在 0～240 A/m 的磁场范围内获得恒定导磁率，其恒定性 $\alpha=(\mu_m-\mu_i)/\mu_i\leqslant7\%$，同时 $B_r/B_s\leqslant0.05$，$\mu_i>3000$。

在 Fe-79 wt％ Ni 合金中添加 Nb，Ta 或 Ti，Al，Si 等，可以获得固溶强化或弥散强化效果，使合金的硬度从约 110 Hv 提高到 200 Hv 以上，获得高的耐磨性，同时保持高的起始磁导率值 μ_i。如 Fe-7 wt％ Nb-1 wt％ Mo-80 wt％ Ni 合金，$\mu_i=125000$，$\mu_m=500000$，硬度为 200

Hv,可用作录音机磁头材料。

(5)软磁铁氧体

铁的氧化物和其他一种或几种金属氧化物组成的复合氧化物,如 $MnO \cdot Fe_2O_3$,$ZnO \cdot Fe_2O_3$,$BaO \cdot 6Fe_2O_3$ 等,称为铁氧体,具有亚铁磁性,是一种强磁材料。Fe_3O_4($FeO \cdot Fe_2O_3$)是最简单、应用最早的天然铁氧体。

目前广泛应用的软磁铁氧体是两种或两种以上单一铁氧体组成的复合铁氧体。有 Mn-Zn,Cu-Zn,Ni-Zn 系软磁铁氧体等。相对于金属铁芯材料的电阻率,软磁铁氧体的电阻率高达 $10 \sim 10^7 \ \Omega \cdot cm$,因此,涡流损失小,特别适用于高频变压器铁芯。

(6)非晶态铁芯材料

非晶态材料没有由于晶体的对称性引起的磁晶各向异性,电阻率高,本质上适合于用作铁芯材料。主要非晶态铁芯材料体系有 (Fe,Co,Ni)-(P,C,B,Si,Ge) 和 (Fe,Co,Ni)-(Ti,Zr,Hf,Re)。例如,Fe-13 wt% B-9 wt% Si 非晶合金的主要磁学性能为:$B_s = 1.56$ T、$H_c = 2.4$ A/m,$\lambda_s = 27 \times 10^{-6}$,$\rho = 130 \ \mu\Omega \cdot cm$,$T_c = 415 \ \degree C$;Fe-18 wt% Co-14 wt% B- 1 wt% Si 非晶合金的主要磁学性能为:$B_s = 1.80$ T,$H_c = 4.0$ A/m,$\lambda_s = 35 \times 10^{-6}$,$\rho = 130 \ \mu\Omega \cdot cm$。

4.5.3.2 硬磁材料

矫顽力大于 400 A/m 的磁性材料归于硬磁材料一类,经充磁至饱和并去除外磁场后仍保留较强的磁性,又称永磁材料或恒磁材料。硬磁材料的主要应用要求是在其气隙产生足够强的磁场强度,提供永久磁场,因此性能要求为:高磁能积($BH)_m$,高 B_r,高 M_s,高 T_c,高 H_c。主要硬磁材料如下。

(1)马氏体磁钢

包括碳钢、钨钢、铬钢、钴钢和铝钢,碳含量为 $0.7 \sim 2$ wt% C,各向同性。由于磁钢中的 C,W,Cr,Al 等使体心立方 Fe 的饱和磁化强度降低,因此,其 B_r 值低;磁钢的矫顽力主要来源于内应力和掺杂(包括马氏体中的残余奥氏体、碳化物),矫顽力也不够高。

(2)Fe 基永磁材料

在 Fe 基上添加扩大 γ 相区的元素,使合金在高温区为 γ 相(顺磁相),冷却后获得 γ 相和 α 相(铁磁相)混合组织,其中 γ 相弥散分布,将 α 相分割包围起来,以获得高的矫顽力。这类材料主要有 Fe-Mn、Fe-Ni、Fe-Co-V 系等。

(3)阿尔尼科合金(AlNiCo 合金)

阿尔尼科合金是以 Al,Ni,Co 为主要合金元素,添加适当 Cu,Ti 等以进一步提高性能的 Fe 基合金。其性能特点是高磁能积($40 \sim 70$ kJ/m³)、高剩余磁感应强度($0.7 \sim 1.35$ T)和中等大小的矫顽力($40 \sim 160$ kA/m)。主要牌号为 AlNiCo1～10,其中,AlNiCo1～4 的磁性能各向同性,AlNiCo5～10 通过磁场处理可获得各向异性的磁性能,以 AlNiCo5 的应用最为广泛。

AlNiCo5 的成分为 Fe-14Ni-24Co-8Al-3Cu(质量百分数),1200 ℃以上固溶处理获得单一 α 相后,在 900 ℃左右发生两相分离:

$$\alpha(Fe,Ni,Al) \rightarrow \alpha_1 + \alpha_2$$

其中,α_1 为 BCC 结构,是富含 Fe,Co 的强磁相;α_2 为 BCC 结构,是富含 Ni,Al 的弱磁相或非铁磁相。经磁场处理($850 \sim 900$ ℃,外磁场 $160 \sim 420$ kA/m),α_1 在磁场作用下伸长并沿外磁场方向规则排列,从而获得各向异性的永磁体。由于 α_1 相被 α_2 相包围,因此,矫顽力提高。

阿尔尼科合金脆性大,常用铸造、粉末冶金方法制备。与铁氧体相比,价格较高,因此,从20世纪70年代开始逐渐被铁氧体取代。

(4)钴基稀土永磁合金

这类合金出现于20世纪60年代,其最大磁能积从100 kJ/m³一下子提升到240 kJ/m³,因此,是硬磁材料发展的一次飞跃。稀土元素(Re)可以和Co形成一系列金属间化合物。钴基稀土永磁合金的发展经历了三代:第一代是1:5型Re-Co磁体,如$SmCo_5$,$PrCo_5$,$MmCo_5$等;第二代是2:17型Re-Co磁体,如Sm_2Co_{17}基合金;第三代是20世纪80年代出现的以2:14:1型Nd-Fe-B合金为代表的Nd-Fe-B系稀土永磁材料。

1983年发现Nd-Fe-B合金时,其$(BH)m$创当时记录,达到290 kJ/m³,是硬磁材料发展的又一次飞跃。10年后,$(BH)_m$达433.6 kJ/m³,H_c达2400 kA/m,T_c从310 ℃提高到600 ℃,工作温度从80 ℃提高到240 ℃。由于Co价格昂贵,而Nd-Fe-B原料丰富,价格便宜,因此,和钴基稀土永磁合金相比,Nd-Fe-B合金具有最高的性能价格比。

但是,Nd-Fe-B合金也存在H_c偏低、T_c偏低、工作温度偏低、耐腐蚀性不好等缺点,可以通过添加其他组元加以改善。如以Dy、Tb部分取代Nd以提高H_c;以Al,Ti,Cr,Cu,Ca等部分取代Fe,可提高H_c和耐腐蚀性能;以Pr部分替代Nd可降低成本。

(5)硬磁铁氧体

工业上主要应用的硬磁铁氧体是钡铁氧体($BaO \cdot 6Fe_2O_3$)和锶铁氧体($SrO \cdot 6Fe_2O_3$)。这类材料呈亚铁磁性,具有高的磁晶各向异性常数。制备时尽量提高致密度、晶体取向度,减少非铁磁相的体积分数,控制晶粒尺寸以获得良好的性能。

4.5.4　形状记忆合金

形状记忆合金(SMA)是具有形状记忆效应(SME)的合金。所谓形状记忆效应,指材料发生了塑性变形后,经加热到某一温度以上,能够完全回复到变形前的形状的现象。形状记忆合金具有形状记忆效应的基本原因是发生了热弹性马氏体相变。与普通的马氏体相变相比,热弹性马氏体相变具有以下特点:1)马氏体量是温度的函数;2)相变温度滞后(热弹性马氏体逆相变与相变开始温度之差$A_s - M_s$)小、相变驱动力小;3)相界面和马氏体晶界有良好的协调性(共格型相变)。这些特性保证了合金具有形状记忆效应。

形状记忆效应有单程形状记忆效应和双程形状记忆效应两种。前者只能回复到高温态(母相状态)形状;后者能同时回复到高温和低温态的形状。

目前应用最为广泛、性能最好的形状记忆合金是接近等原子比的Ni-Ti合金,其形状记忆特性见表4.31。此外,为了降低成本,又发展了Cu基形状记忆合金(CuZnAl系、CuAlNi系)和Fe基形状记忆合金(FePt,FePd,FeMnSi,FeNiC,FeNiCoTi等)。

表4.31　NiTi形状记忆特性

相变温度	$-10\sim100$ ℃	最大回复应力	600 MPa
温度滞后	$2\sim30$ ℃	耐热温度	约250 ℃
形状回复量	$<6\%$	热循环寿命	$10^5\sim10^7$

形状记忆合金在很多场合都可以得到应用,如制造温控设备元件(过热保护器、火灾报警器、温室门窗自动开关等)、制造机器人驱动执行机构、人工心脏驱动、战斗机的管接头、紧固销

钉、太阳尾随装置，以及医学上应用的牙根、牙齿正畸丝、接骨板等。

目前发现，除了合金外，一些陶瓷（氧化锆）和高分子材料也具有形状记忆效应，不过其机理完全不同。形状记忆高分子材料与形状记忆合金比较，质量轻、加工容易、变形率大、成本低，已在医疗、包装材料、建筑、玩具、传感元件等方面得到应用。如，记忆高分子材料制成的手术缝合线，可用于一些很难用手工缝合的切口的缝合。

4.5.5 储氢合金

氢气是一种清洁的能源，资源丰富、能量密度高。但是，氢气的储存和运输是其应用的一个瓶颈。如高压氢气需要用高压钢瓶储存，能量密度低而且危险；液态氢的储氢密度高于高压氢，但液化过程消耗大量能源，也需要能在超低温（−252.6 ℃）下工作的特殊容器，价格昂贵。储氢合金出现后，由于其储氢密度与液态氢相当（见表 4.34），而且安全可靠，因此，引起了研究者的广泛关注。

4.5.5.1 **储氢合金的定义和组成**

储氢合金是在实际使用的压力、温度下，以实际可用的速率可逆地完成氢气的贮藏和释放的合金。由吸氢元素和非吸氢元素组成的合金，如表 4.32 所示。吸氢元素主要是 IA～IVA 族金属，氢在其中的溶解热是很大的负值；非吸氢元素主要是 VIA～VIII 族金属，氢在其中的溶解热为正或很小的负值。

表 4.32　储氢合金的组成

储氢合金	吸氢元素	非吸氢元素	举　例
AB_5	Re	Ni	$LaNi_5$
AB_2	Ti，Zr	Mn	$Ti_{1.2}Mn_{1.8}$
A_2B	Mg	Ni	Mg_2Ni
AB	Ti	Ni	TiFe，TiNi
AAB	Ti，V	Mn	TiVMn

4.5.5.2 **金属—氢系平衡相图**

金属吸放氢的过程可以用图 4.17 的 P-C-T 曲线描述，在一定温度下，整个过程分为三个阶段：

（1）AB 段

氢溶入金属的晶格中，形成固溶体（α 相）。随氢气的压力 p 增大，溶入金属中的氢的量 n_H 增多，它们之间的关系符合西韦茨经验公式：

$$\frac{n_H}{\sqrt{p}} = a + b\sqrt{p} \qquad 4\text{-}7$$

式中，a，b 为常数。

（2）BC 段

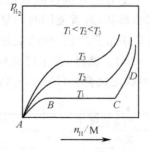

图 4.17　储氢合金的理想 P-C-T 曲线

到达 B 点时,α 相氢的固溶度达到饱和,此时,α 相与氢反应形成金属氢化物(β 相):

$$\alpha + H_2 \xrightarrow{\quad p,T \quad} \beta$$

此时,体系由三个相 α、β 和 H_2 组成,根据相律,反应必然在恒定的温度 T 和压力 p 下进行。p 称为金属氢化物的平衡分解压,随温度上升,p 值增大,同时平台宽度减小(图 4.17),p ~T 之间的关系可用 Van't Hoff 方程描述:

$$\ln p_{H_2} = \frac{\Delta H^0}{RT} - \frac{\Delta S^0}{R} \qquad\qquad 4\text{-}8$$

(3)CD 段

合金中氢含量达到 C 点后,合金吸氢达到饱和,此时,体系由 β 和 H_2 两相组成。体系内随氢气量的增加,氢气的压力 p 必然增大。

放氢的过程与上述过程相反,此时的平台压力低于吸氢时的平台压力。产生这种压力滞后的原因和合金吸氢过程中金属晶格膨胀引起的晶格内应力有关。

4.5.5.3 储氢合金

储氢合金应满足以下一些基本性能要求:

a. 吸氢量大;

b. 易活化,储氢合金需要经过活化处理(在纯氢气氛下使合金处于高压状态,然后在加热条件下减压排气的循环过程)才能正常吸放氢;

c. 在一个很宽的组成范围内具有稳定合适的平衡分解压;

d. 吸放氢平衡压差小;

e. 吸放氢速率较快;

f. 金属氢化物的热导率大;

g. 反复吸放氢过程中合金的粉化小、性能稳定性好;

h. 价廉;

i. 用于储氢时要求生成热小;用于蓄热时要求生成热大。

自 20 世纪 60 年代中期发现储氢合金 $LaNi_5$、$FeTi$ 以来,已经发展了几大系列数十种储氢合金,最近,又发现碳纳米管和富勒烯也具有储氢特性。表 4.33 列出了一些主要的储氢合金,表 4.34 所示为常见储氢合金的储氢能力。

表 4.33 一些主要的储氢合金

类　　别	举　　例
Mg 系合金	Mg,Mg_2Ni
稀土系合金	$LaNi_5$ $MmNi_5$(Mm—富 Ce 混合稀土) $MlNi_5$(Ml—富 La 混合稀土)
Laves 相型合金(Ti 系、Zr 系)	$Ti\text{-}Fe$,$Ti\text{-}Mn$,$Ti\text{-}Ni$ $ZrMn_2$

表 4.34 常见储氢合金的储氢能力

储氢介质	氢原子密度 $\times 10^{22}/cm^3$	储氢能力		能量密度	
		wt%	g/ml	cal/g	cal/ml
高压氢(100 atm)	0.0054	100	0.008	33,900	271
液态氢	4.2	100	0.07	33,900	2,373
MgH_2	6.6	7.0	0.101	2,373	3,423
Mg_2NiH_4	—	3.16	0.081	1,070	2,745
VH_4	10.5	3.81	0.095	701	3,227
$TiFeH_{1.95}$	5.7	1.75	0.096	593	3,254
$LaNi_5H_7$	6.2	1.37	0.089	464	3,017

4.5.5.4 储氢合金的应用

(1)镍氢(Ni-MH)电池

Ni-MH 电池以储氢合金 M 为负极,以 $Ni(OH)_2$ 为正极。其电极反应如下:

正极反应:$Ni(OH)_2 + OH^- \Leftrightarrow NiOOH + H_2O$ ⟶ 4-9

负极反应:$M + H_2O + e \Leftrightarrow MH + OH^-$ ⟶ 4-10

由式 4-9,4-10 可见,充电时正极材料被还原并形成水,而在负极水被电解,放出的氢被负极的储氢合金吸收;放电时则发生逆反映,由储氢合金中放出氢。充放电过程可以看作氢原子从一个电极转移到另一个电极的反复过程。目前 Ni-MH 电池的容量可以达到 4500 mA·h(5 号电池),约是 Ni-Cd 电池的 1 倍,循环寿命可达 500 次以上。

(2)贮运氢气

储氢合金有高的单位体积贮氢能力,安全。已开发使用的储氢合金的单位体积储氢能力是高压氢的 10 倍,略高于液态氢,而使用压力小于 4 MPa,无需高压液化,可长期储存、能量损失小。

储氢合金的储氢本质是氢以原子态形式存在于合金中,当以分子态形式从氢化物中解吸、逸出时需经过扩散、相变和化合等过程,受热效应与速度的制约,因此,不会爆炸,安全性高。

(3)分离回收氢气

传统的分离回收氢气都是通过吸附杂质气体和透过氢气来达到目的,用储氢合金分离回收氢气的过程则相反。

(4)氢气提纯

市售氢气一般含 $10\sim100$ ppm 的 N_2,O_2,CO_2,H_2O 等不纯物,经储氢合金提纯后纯度可达 99.9999%。

(5)氢化物空调

储氢合金吸放氢的过程伴随巨大的热效应,发生热—化学能的相互转换。由相同温度下分解压不同的两种氢化物组成热力学循环系统,使两种氢化物分别处于吸氢(放热)和放氢(吸热)状态,利用它们的平衡分解压差来驱动氢气在循环系统中的流动,从而可利用低级热源实现储热、采暖、空调和制冷。氢化物空调的优点是无腐蚀、无需有害的氟利昂。目前的缺点是反应氢化物床导热性差导致单位时间内可转化的热能小,价格昂贵。

(6)热-压传感器

根据 Van't Hoff 方程(式 4-8),对特定的金属氢化物,$\ln p$ 与 $1/T$ 成正比,测得 p,可获得

T。热-压传感器有较高的温度敏感性,探头体积小。对金属氢化物的要求是滞后小,反应热大,反应速度快。

4.5.6　光纤

光纤是一种非常细的可弯曲的导光材料,由纤芯、包覆层和保护套(加固层)组成。纤芯是光传输通道;包覆层用以保护纤芯,并进行折射率匹配以实现光在纤芯中的全反射;保护套一般是尼龙,用来保护光纤。光纤的纤芯和包覆层主要用高纯度 SiO_2 制造,进行适当掺杂以实现折射率的匹配。表 4.35 为纤芯和包覆层的材料组成及其折射率匹配。

表 4.35　纤芯和包覆层的材料组成及其折射率匹配

纤芯		包覆层		Δn
掺杂	主要组成	掺杂	主要组成	%
P_2O_5	SiO_2	B_2O_3	SiO_2	0.8
GeO_2	SiO_2	B_2O_3	SiO_2	1.2
GeO_2、B_2O_3	SiO_2	B_2O_3	SiO_2	1.3

按折射率分布分类,光纤分为阶跃型和渐变型两种,如图 4.18 所示,后者可以传输的信号的带宽比较宽,色散比较小。按照制造材料分类,光纤分为玻璃光纤和塑料光纤。塑料光纤一般用聚甲基丙烯酸甲酯(PMMA)制造,与玻璃光纤相比,直径较大,接驳容易,价格便宜,但色散大,传输带宽少,是短距离信号传输的理想媒质。

图 4.18　渐变型和阶跃型光纤折射率分布示意图

4.5.7　人工晶体

人工单晶在信号调制传输中有重要的应用。下面简要介绍几类:

(1)红宝石

掺 Cr^{3+} 的 Al_2O_3 单晶。作为激光工作物质的红宝石晶体,Cr^{3+} 含量为 $0.05\sim0.10$ wt%,发出波长 694.3 nm 的红色激光。

(2)蓝宝石

纯 Al_2O_3 单晶。绝缘性好,介电损耗小,表面平整,耐高温,导热性较好,耐酸碱腐蚀,机械强度高,用于制作集成电路衬底材料、微波用微调电容器、光通讯器件、防弹窗口材料等。

（3）压电晶体

主要有 $LiNbO_3$，水晶 SiO_2，$LiTaO_3$，$Li_2B_4O_7$ 等。利用压电效应、逆压电效应完成声音信号（机械能）和电信号之间的转换。可用于制作声纳、声音探测器、超声探测器、扬声器、蜂鸣器、超声波发生器等。

（4）电光晶体

加上电场后引起折射率变化的单晶体，可用来对激光信号进行调制。极端条件下，光可以被完全挡住，晶体变成一个高速开关。常用的有磷酸二氢钾、磷酸二氘钾、$LiNbO_3$，$LiTaO_3$ 等。

（5）声光晶体

具有声光效应（声、光相互作用）的晶体。用作声光调制器、声光偏转器等。

（6）倍频晶体

通过晶体后光的频率翻倍，有碘酸、碘酸锂、铌酸锂、铌酸锂钠单晶。

（7）光色晶体

具有光色互变特性（随光线强度的变化而发生可逆变色）的晶体，如含 Sm，Eu 的 CaF_2 单晶。

4.5.8　功能高分子材料

按照结构，功能高分子材料分为两大类：在分子链中具有可起特定作用的功能基团的高分子材料称为结构型功能高分子材料；以普通高分子材料为基体或载体，与某些特定功能的原材料进行复合而制得的功能材料称为复合型功能高分子材料。按照应用，功能高分子材料有电功能高分子材料，如导电、超导、压电、热电、声电等高分子；光功能高分子材料，如光导材料；分离材料和化学功能高分子材料如分离膜、催化剂、吸水树脂、生物医用高分子材料等。

4.5.8.1　高分子分离膜

（1）反渗透（RO）膜、超滤（UF）膜、微滤（MF）膜

三种分离膜孔径大小不同，用以分离不同尺寸的物质。RO 膜只能透过 H_2O、H^+、OH^-，其他物质不能透过；UF 膜分离对象是大分子溶质，水、小分子溶质透过，大分子溶质不能透过；MF 分离尺寸更大的物质，大于 0.1 微米。

（2）离子交换膜

离子在电场作用下通过膜的过程，为电位差推动下的膜分离过程。如电渗析、电解、离子置换等技术，都用到离子交换膜。

（3）气体分离膜

利用气体透过膜的速度不同而实现气体分离过程。

（4）透过汽化膜

膜透过和汽化相结合以分离挥发性有机混合物。膜对物质产生选择性吸收作用。

（5）药物控制释放膜

药物通过高分子膜缓慢而定量释放。

常见药物释放方式有两种：1）储存器型，将药物微粒包裹在高分子膜材内，药物通过高分子包裹层的降解（可降解型）缓慢释放或高分子包裹层的溶胀（不可降解型）扩散而缓慢释放；

2)基材型,将药物包埋于高分子基体中,通过聚合物的溶胀、溶解和生物降解过程可控释放基材内的药物。

常用的高分子材料有水凝胶(聚乙烯醇、聚乙二醇、聚环氧乙烷、纤维素衍生物、海藻酸盐等)、生物降解高分子(天然高分子如多糖、蛋白质等,可被酶或微生物降解;合成高分子由可水解键的断裂进行)、脂质体(由卵磷脂的单分子壳富集组成的高度有序装配体)。

4.5.8.2　导电性高分子材料

电阻率低于 10^8 Ω·m 的高分子材料,分结构型和复合型两类。

复合型导电高分子材料组成:

(1)基体树脂:聚烯烃(聚乙烯、聚丙烯)、聚氯乙烯、ABS塑料、环氧树脂、有机硅等;

(2)导电填料:金属粉(Au,Ag,Cu,Ni 等)、金属纤维(Al,黄铜,Fe,不锈钢)、石墨、碳纤维、金属氧化物、碱金属盐等。

导电高分子材料可用作导电材料,如导线、电磁屏蔽材料、抗静电材料、微波吸波材料等;蓄电池电极材料,如掺杂聚乙炔等;半导体材料,如有机太阳能电池、晶体管;高分子驻电体、压电体,以及一些光功能元件。

4.5.8.3　塑料磁体

塑料磁体由橡胶、塑料和铁氧体粉组成;或由热固性树脂、热塑性树脂和稀土类磁性材料组成。广泛应用于玩具、冰箱门磁条等。

4.5.8.4　光功能高分子材料

(1)光导纤维:如 4.5.6 所述,有机玻璃、聚苯乙烯等可用来制造塑料光纤。

(2)光盘:光盘母版制作采用透明的塑料基板(有机玻璃、聚碳酸酯、环氧树脂)上沉积几十纳米厚的金属层,调制激光照到旋转的圆盘上,金属层熔化成一串椭圆形凹痕,从而将图像和声音记录在圆盘上。批量生产时,采用有机玻璃或聚碳酸酯透明塑料大量复制。

(3)感光树脂:在光作用下,短时间发生化学反应,并使其溶解性发生变化的高分子材料。

(4)光学用塑料:有机玻璃 PMMA、聚氯乙烯 PVC 等,用于制造透镜等光学元件。

(5)光致变色材料:如 PVC 薄膜等。

(6)光弹性材料:酚醛树脂、环氧树脂等,用于弹性材料应力分析。

第五章

工程材料选用基础

掌握了材料的结构、性能的基础知识，了解了一些常用的工程材料，就有了正确选择材料以满足工程需要的前提。正确选材必须清楚设计对象对材料性能的基本要求，掌握对象可能的失效方式，同时还必须考虑材料的工艺性能，兼顾经济性。

本章首先简要介绍机械零件的可能失效形式，而后介绍一些选材的基本原则，最后给出几个选材的例子。

5.1 失效分析基础

零件或构件失去所设计的功能，称为失效。断裂、磨损和腐蚀是导致材料失效的三大主要形式。此外，变形也是引起失效的一个重要原因。一般而言，发生这些形式失效的原因无外乎设计制造因素和工况使用因素两大方面，具体地说，材料、尺寸、结构、工艺等设计错误或不合理、制造或装配过程产生各类缺陷、原材料的成分、夹杂等质量不合格、零部件运转、维修或构件使用不当等，都是引起失效的可能原因。

5.1.1 过度变形（畸变）

零件或构件在使用过程中都有一定的变形限制。过度变形包括过度弹性变形、塑性变形和蠕变。引起过度弹性变形的原因有零件形状、尺寸，材料的弹性模量，零件的工作温度和载荷大小等。例如，零件尺寸过小，选用材料弹性模量不够等，会引起过大的弹性变形。质量相同的材料，在受到相同的载荷作用时，工字形刚度最大，弹性变形最小，方形次之，薄板变形最大。

当外加载荷超过材料屈服强度时，发生塑性畸变。其原因可能是材质缺陷、使用不当、设计失误等。

蠕变是零件在低于屈服强度的应力下，长时间承受载荷发生微量塑性变形的积累引起的。蠕变超过一定量即引起失效。材料一定时，蠕变量的大小与工作温度和承受载荷的时间有关。

5.1.2 断裂

零件或构件的断裂，往往引起突然的灾难性的后果，事先一般缺少征兆，难以预料。远的如泰坦尼克号撞上冰山失事，较近的如1988年夏威夷波音737飞机失事（图5.1），最近的如

2004 年 5 月法国戴高乐国际机场候机楼坍塌事故,无不是在突然或正常工作载荷作用下引起的零件或构件的突然断裂造成的。因此,断裂失效分析历来很受重视。

图 5.1　1988 年美国波音 737 飞机失事现场图片

　　理论上说,断裂是由于外加载荷超过材料的断裂强度引起的。但是,很多因素会造成材料甚至在小于屈服强度的载荷作用下就发生断裂,即所谓的低应力脆断。造成低应力脆断的原因有材料内部预先存在的微裂纹、交变应力引起的材料的疲劳、低温造成的材料韧脆转变、环境引起的氢脆及腐蚀断裂等。

　　按断口宏观形貌,断裂分为韧性断裂和脆性断裂。区分这两种断裂的判断标准是材料断裂前是否发生明显宏观塑性变形。一般规定光滑拉伸试样的断面收缩率小于 5% 为脆性断裂;大于 5% 为韧性断裂。光滑圆柱静拉伸试样的典型宏观断口特征见图 3.32。韧性断裂的断口分纤维区、放射区和剪切唇三部分。纤维区位于断口中心部位,是材料颈缩时由于微孔聚集长大(见 §3 材料性能基础部分)而最先分离的部分,呈暗灰色,断面粗糙;之后,由于材料实际承受载荷的面积减小,纤维区形成的裂纹作低能量快速扩展,形成一个放射区,较光亮,有放射花样,表征裂纹扩展方向;最后,材料在平面应力状态下,裂纹沿与拉伸轴呈 45°角的方向快速扩展,形成断口最外端的剪切唇。脆性断口平齐光亮,呈放射状或结晶状,断裂面与正应力垂直。

图 5.2　板状试样的静拉伸断口,显示出人字形花样

　　板状试样的静拉伸断口也存在三区,只是放射区呈人字形花样,人字纹的顶点为裂纹源,如图 5.2 所示。

　　按断裂模式,断裂分为穿晶断裂和沿晶断裂。图 5.3 是几个典型的穿晶断裂和沿晶断裂的微观形貌。穿晶断裂可以是韧性断裂,也可以是脆性断裂(低温下);沿晶断裂多数是脆性断裂。

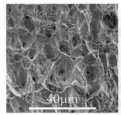

微孔型韧性断口　　　　　放射状脆性断口　　　　　冰糖状脆性断口
（穿晶断裂）　　　　　　　（穿晶断裂）　　　　　　　（沿晶断裂）

图 5.3　几个典型的穿晶断裂和沿晶断裂微观形貌

按断裂机制,断裂分为解理断裂、纯剪切断裂、微孔聚集型断裂。解理断裂的微观特征如图 5.4 所示,是沿特定界面发生的脆性穿晶断裂。纯剪切断裂的断口呈蛇形花样、涟波花样和平坦区特征,只有在很纯的金属在很软的应力状态下才可能出现,是完全沿滑移面剪切的结果。微孔聚集型断裂的过程包括微孔形核、长大、聚合直到断裂,其基本特征是韧窝。由于应力状态不同,如图 5.5 所示,韧窝有等轴韧窝、拉长韧窝等。韧窝底部一般可见颗粒(图 5.5c),表明微孔往往在硬质点处形核。

 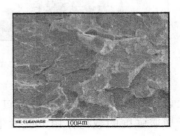

图 5.4　解理断裂微观特征

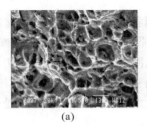 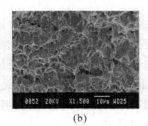 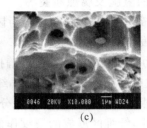

(a)　　　　　　　　　(b)　　　　　　　　　(c)

图 5.5　(a)等轴韧窝、(b)拉长韧窝、(c)显示韧窝底部的颗粒

5.1.3　磨损

磨损是零件表面失效的主要原因之一,其基本类型有粘着磨损、磨粒磨损、冲蚀磨损、表面疲劳磨损、微动磨损等。具体见§3 材料性能基础部分。

影响材料耐磨性的因素除了材料本身的化学成分、组织结构、摩擦系数外,还有载荷、滑动速率、滑动距离、温度、介质、润滑等工况参数。一般而言,材料硬度越高、摩擦系数越小,耐磨性越好;密排六方结构的金属耐磨性较好;随载荷的增大、滑动距离的增大(零件运转时间的延长)、环境温度的提高、润滑条件的恶化等,磨损率增大。滑动速率对耐磨性的影响比较复杂。

5.1.4　腐蚀

腐蚀失效是金属与环境介质之间发生化学和电化学作用,形成新的易脱落的物质而导致材料表面失效的过程。腐蚀的基本类型有均匀腐蚀、点蚀、晶间腐蚀等。图 5.6 为一种不锈钢焊接热影响区附件的宏观腐蚀形貌。

图 5.6　不锈钢焊接热影响区附件的宏观腐蚀形貌

均匀腐蚀均匀地发生在整个金属的表面,可在大气、液体以及土壤里发生,而且常在正常条件下发生。

当腐蚀集中于局部,呈尖锐小孔,进而向深度扩展甚至穿透时,称为点蚀。它是由于金属表面的钝化膜或防锈保护层局部破坏而产生的。

晶间腐蚀在不锈钢、镍合金、铝合金及钛合金、镁合金中容易产生,主要原因是晶界处化学成分不均匀。

防止腐蚀方法有:1)选择抗腐蚀性好的材料;2)材料表面涂覆防腐涂层以隔绝与腐蚀介质的直接接触。

5.2　选材的一般原则

机械零件的选材一般按照如下三个要求进行:使用性能、制造工艺性能、经济性。

5.2.1　使用性能原则

使用性能是零件在正常工作过程中应该具有的力学、物理和化学性能,是选材要考虑的首要问题。按照零件使用要求选材有两种方式,一种是按零件工作条件选材,另一种是按零件的可能失效形式选材。

工作条件包括受力状况(载荷种类、大小、特点等)、环境状况(温度、介质等),以及其他一些特殊要求,如导电性、导热性、磁性、热膨胀性、密度、外观等。

失效形式如§5.1所述,包括过量变形、断裂、表面损伤等。

明确了零件的工作条件、失效形式后,可以确定零件对材料的性能要求。表5.1列出了一些常见种类的机械零件的工作条件、失效形式及性能要求。根据对常用工程材料性能的了解,并借助必要的手册及一些图表,就可以对材料进行初步的选择。

表5.1　一些常见种类的机械零件的工作条件、失效形式及性能要求

零件	工作条件			失效形式	性能要求
	应力状况	载荷性质	受载状态		
紧固螺栓	拉、剪切	静载荷	—	过量变形、断裂	强韧性
传动轴	弯曲、扭转	循环、冲击	轴颈摩擦、振动	疲劳断裂、过量变形、轴颈磨损	综合机械性能
传动齿轮	压、弯曲	循环、冲击	摩擦、振动	齿折断、磨损、疲劳断裂、接触疲劳	表面高强度及疲劳极限、心部强韧性
弹簧	扭转、弯曲	交变、冲击	振动	弹性失稳、疲劳断裂	弹性极限、屈强比、疲劳极限
冷作模具	复杂	交变、冲击	强烈摩擦	磨损、脆断	硬度、强韧性

5.2.2　工艺性能原则

材料的工艺性能表示材料加工的难易程度。材料加工工艺包括:

a. 毛坯成型工艺,金属的铸、锻、焊、压、粉末冶金;塑料的注塑;陶瓷的模压等。

b. 机械加工工艺:车、铣、刨、钻、磨、特种加工等。

c. 热处理工艺:退火、正火、淬火、回火、表面淬火、化学热处理等。

d. 表面处理工艺:抛光、电镀、热喷涂、化学镀等。

金属材料的铸造性能用流动性、收缩性和偏析来衡量。流动性是熔融金属的流动能力。流动性越好,熔融金属越容易充满铸型型腔,从而获得外形完整、尺寸精确的铸件;收缩性指铸件在凝固和冷却过程中体积收缩的现象。收缩越少,铸造性能越好;偏析是金属凝固后,铸件化学成分和组织不均匀的现象。偏析越少,铸造性能越好。一般,成分越接近共晶点、相图上液相线和固相线之间垂直距离越短,金属的铸造性能越好。

焊接性是材料在一定焊接工艺条件下,获得优质焊接接头的难易程度。对钢而言,碳含量、合金元素含量越高,焊接性能越差。铸铁、铜合金、铝合金等的焊接性能都较差。

切削加工性能用切削后的表面质量(粗糙度)和刀具的损耗程度来衡量。金属材料的硬度范围为 170～230 HB 时切削性能好。

热处理工艺性主要是钢的淬透性。

常用材料的工艺性能如下:

(1)碳素钢和合金钢

室温下一般为多相组织。加热到一定温度后,获得单相组织,具有良好的塑性和较低的屈服强度,因此有良好的锻造性能和各种塑性加工性能。含碳量提高,锻造温度范围缩小,锻造冷却容易产生内应力,锻造性能变差。合金元素含量越多,锻造性能越差。

低碳钢及低碳合金钢有良好的室温塑性,可以进行冷冲压加工。碳含量越低,冲压性能越好。

钢的铸造性能不如铸铁。

各类钢都可以方便地进行常规的机械加工及大多数特种加工技术。碳含量过低或过高,切削性能都变差,但可以通过适当的热处理加以改善。

(2)铸铁

铸铁熔点低,流动性好,因此铸造性能良好,其中又以灰口铸铁铸造性最好。

铸铁的塑性差,因此不能进行锻造等塑性变形加工。由于碳含量高,焊接性也不好。但是,由于铸铁中的石墨有自润滑作用,铸铁有良好的切削加工性能。

(3)有色金属

有色金属一般有良好的加工性能。一般,形变合金具有良好的塑性加工性能;铸造合金具有良好的铸造性能。室温下为单相组织的合金不能热处理强化;室温下为两相组织,而加热到一定温度转变为单相组织的合金可以进行热处理强化(时效处理)。

(4)工程塑料

热塑性塑料可采用挤压、吹塑、注塑等方法成型,具有良好的成型工艺性能,而且还有良好的焊接和粘接性能。热固性塑料成型工艺略差,一般采用压制成型。塑料的切削加工性也较好。

(5)陶瓷

陶瓷一般采用粉末压制、烧结工艺成型。必要的话,可以进行一定的切削加工和磨加工,但加工性能很差。

5.2.3 经济性原则

考虑经济性原则时必须考虑材料的价格、零件的总成本(由使用寿命、重量、加工费用、研究费用、维修费用和材料价格决定)以及材料的供应状况。一般,可借助图表帮助选材,如图5.7所示的几类材料的价格图,以及一些相关的材料性能~价格图等。

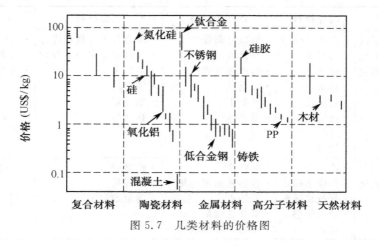

图 5.7 几类材料的价格图

在资源和能源问题日益突出的今天,选择材料时也应该考虑这些因素。图 5.8 是 1998 年各种材料在美国的回用量。其中钢铁的回用量最大,约 70% 的钢铁材料得以再利用。相对而言,玻璃、塑料等材料的回收利用在目前还比较困难。此外,可能的条件下,应该选择那些生产材料过程的能源消耗少的材料。

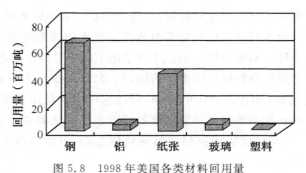

图 5.8 1998 年美国各类材料回用量

5.3 选材举例

5.3.1 材料类别选择

选材时必须按照第四章介绍的工程材料类别和层次,由粗到细逐一分析,最后确定牌号。

首先应根据表 5.2 所列的各大类材料的性能优缺点确定使用何种材料。例如,力学性能方面,对强度、韧性要求匹配的零件,都应选择金属材料;对要求极高硬度或极低弹性变形,而其他性能要求不高的零件可以选择陶瓷;要求有良好减摩性和自润滑性,而载荷小的摩擦件可以选择塑料;要求有高比强度、比刚度,而又重要的结构,可以选择复合材料。又如,物理化学性能方面,在高温下或光热条件下工作的零件,应选金属或陶瓷;要求电、热绝缘或在腐蚀介质中工作的零件,应选择陶瓷或塑料;要求质轻的零件,可以选择塑料。

表 5.2　各大类材料的性能优缺点

材料	金属材料	陶瓷材料	高分子材料	复合材料	天然材料
优点	・高弹性模量 ・可以合金化或形变强化 ・塑性好 ・韧性好 ・导电 ・导热	・高弹性模量 ・高强度 ・耐磨 ・高熔点 ・耐腐蚀 ・抗氧化 ・透明 ・绝缘	・可以有高强度 ・高弹性 ・低摩擦系数 ・耐腐蚀 ・易加工 ・易染色	・综合各组分材料优势 ・可以满足多种工程性能需求 ・重量轻 ・刚度好 ・强度高	・易回收再利用 ・通常有高强度 ・有多种物理、力学性能
缺点	・易疲劳断裂 ・腐蚀、氧化性较差	・脆 ・强度不稳定 ・低抗拉强度 ・缺口敏感 ・难加工	・易蠕变 ・性能随温度变化大 ・低熔点 ・低弹性模量 ・不易回收再利用	・价格贵 ・难焊接 ・通常难加工	・性能值分散 ・多数资源有限、不易再生

5.3.2　一些常用零件的选材

5.3.2.1　轴类零件

轴类零件主要起传递运动和扭矩的作用,承受弯曲载荷和扭转载荷,在机器启动、变速、加载时还承受冲击,因此,要求材料有良好的弯曲疲劳强度和扭转强度及综合力学性能。同时,在轴颈处还要求有高的硬度和耐磨性。轴类零件采用不同牌号的钢制造。

要求不高的轴可选用价格低廉的碳素结构钢,如 Q235,Q255,直接用圆钢加工而成,不进行热处理。要求较高的轴,如普通机床的主轴,可以选用中碳优质碳素结构钢,如 45 号钢制造,最终经调质处理,再在轴颈等需高硬度耐磨处进行表面淬火硬化。要求再高的轴,则选用 40Cr 等合金调质钢。对高精度机床主轴或高速机械主轴,可以选用 38CrMoAl,40CrMnMo 等制造,配合调质、氮化处理。

5.3.2.2　箱体零件

箱体零件可以采用铸造、焊接或注塑方法生产。

外形及内腔复杂的箱体可采用铸造生产。以承受压力为主的机座类零件及一般机身等,采用灰铸铁,抗压性能符合要求,铸造性能好;承受冲击、强度要求高的箱体,可采用铸造碳钢,如 ZG230-450,ZG270-500 等;要求质量轻或一定耐腐蚀性的一些小型箱体,应选用铸造铝合金,如 ZL102,ZL104,ZL105 等。

不承受大载荷,对材料强度、刚度要求不高的箱体,如电器箱、仪表壳体,可选用普通低碳钢板焊接而成。

小型的仪器仪表外壳、家电外壳、要求轻并绝缘的箱体,可选用热塑性塑料注塑成型,或热固性塑料压制成型。

5.3.2.3　**齿轮**

齿轮主要用于传递动力及运动,承受冲击载荷、弯曲应力等,要求有良好的接触疲劳性能、弯曲疲劳性能、高的强度和冲击韧性,以及高的硬度和耐磨性。

大直径大模数齿轮转速低,采用铸造方法生产毛坯,因此一般采用高强度铸铁或铸钢制造。中等转速齿轮,转速较高、载荷较大、受轻微冲击时,应选用 40Cr,40MnB 等,经调质、表面淬火后使用;转速较低、载荷较小、不受冲击时,可选用碳素调质钢,经调质、表面淬火后使用。转速高、载荷大、承受冲击的齿轮,如汽车传动齿轮,应选用合金渗碳钢,经渗碳、淬火低温回火后使用。载荷小、冲击小、以传递运动为主的齿轮,如小型仪器上的齿轮,要求质量轻、运转平稳、摩擦系数小,可选用聚甲醛、聚碳酸酯、聚酰胺等塑料制造。

5.3.3　赛车选材举例

图 5.9 显示了一种赛车的主要材料构成,各部分的选材主要依据示于图中。

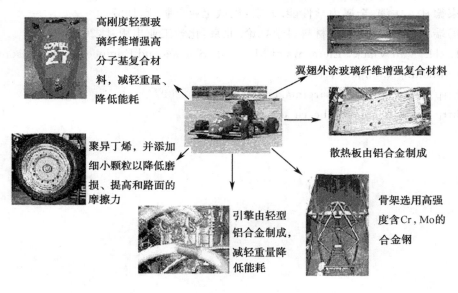

图 5.9　一种赛车的主要材料构成及选材依据

参考书目

1. 黄振源.工程材料.北京:高等教育出版社,1996
2. 朱张校.工程材料.北京:清华大学出版社,2001
3. 卢光熙,侯增寿.金属学教程.上海:上海科学技术出版社,1985
4. 赵连城.金属热处理原理.哈尔滨:哈尔滨工业大学出版社,1987
5. 周达飞.材料概论.北京:化学工业出版社,2001
6. 安运铮.热处理工艺学.北京:机械工业出版社,1990
7. 顾宜.材料科学与工程基础.北京:化学工业出版社,2002
8. 杨道明,朱勋,李紫桐.金属力学性能与失效分析.北京:冶金工业出版社,1991
9. 中国机械工程学会热处理分会.热处理工程师手册.北京:机械工业出版社,1999
10. 朱敏　主编.功能材料.北京:机械工业出版社,2002
11. 王笑天　主编.金属材料学.北京:机械工业出版社,1991
12. 束德林　主编.金属力学性能.北京:机械工业出版社,1987
13. 冯端,师昌绪,刘治国.材料科学导论.北京:化学工业出版社,2002
14. L. H. Van Vlack, Elements of Materials Science and Engineering, Addison-Wesley Publishing Company, 1985
15. http://www.people.virginia.edu/~lz2n/mse209/
16. http://www.mmat.ubc.ca/courses/mmat280/